计算机网络技术与信息安全研究

吴海琴　路翠芳　李尚东　著

延边大学出版社

图书在版编目（CIP）数据

计算机网络技术与信息安全研究 / 吴海琴，路翠芳，
李尚东著. -- 延吉 : 延边大学出版社，2023.10
ISBN 978-7-230-05756-1

Ⅰ. ①计… Ⅱ. ①吴… ②路… ③李… Ⅲ. ①计算机
网络－研究②信息安全－研究 Ⅳ. ①TP393②TP309

中国国家版本馆CIP数据核字(2023)第207674号

计算机网络技术与信息安全研究

著　　者：吴海琴　路翠芳　李尚东
责任编辑：李　磊
封面设计：文合文化
出版发行：延边大学出版社
社　　址：吉林省延吉市公园路977号　　　　邮　　编：133002
网　　址：http://www.ydcbs.com　　　　E-mail：ydcbs@ydcbs.com
电　　话：0433-2732435　　　　传　　真：0433-2732434
印　　刷：三河市嵩川印刷有限公司
开　　本：787×1092　1/16
印　　张：10.75
字　　数：200 千字
版　　次：2023 年 10 月 第 1 版
印　　次：2024 年 1 月 第 1 次印刷
书　　号：ISBN 978-7-230-05756-1

定价：65.00元

前　　言

　　计算机网络技术是一项对人类影响深远的科技成果,随着社会经济的发展和科技水平的提高,计算机信息技术尤其是网络信息技术得到了飞速发展,计算机网络正在改变我们的生活、学习和工作方式,促进着社会文明的进步。人类社会已步入网络信息时代,网络信息技术也逐渐成了人们生产生活中必不可少的技术之一。但是在网络信息技术蓬勃发展的同时,计算机网络信息安全问题也逐渐暴露出来,给人们在日常生活中使用网络带来很大不便与信息安全隐患。为解决这一问题,网络信息安全技术应运而生。为了保证人们网络信息的安全性,应提高计算机网络数据的保密性,加强网络安全技术研究工作。

　　本书系统地探讨了计算机网络技术与信息安全的相关内容,其中包括计算机网络基础知识和网络协议、数据通信及数据通信技术、计算机网络安全技术等。本书选材精练,力求做到内容新颖、详略得当,介绍了必要的理论基础,也补充了部分最新的知识和技能,实现了与时俱进的目标。

　　笔者在编写本书的过程中,搜集、查阅和整理了大量文献资料,在此对学界前辈、同仁和所有为此书编写工作提供帮助的人员致以衷心的感谢。由于笔者能力有限,加之编写时间较为仓促,书中难免有错漏之处,还请广大读者批评指正。

笔者

2023 年 8 月

目　　录

第一章　计算机网络与网络协议

第一节　计算机网络基础知识

一、计算机网络的定义

计算机网络是指将地理位置不同的具有独立功能的多台计算机及其外部设备，通过通信线路连接起来，在网络操作系统、网络管理软件及网络通信协议的管理和协调下，实现资源共享和信息传递的计算机系统。

关于计算机网络的最简单定义是：一些相互连接的、以共享资源为目的的、自治的计算机的集合。

二、计算机网络的功能

计算机网络的功能主要表现在资源共享、网络通信、分布处理、集中管理和均衡负荷 5 个方面。

（一）资源共享

资源共享包括硬件资源共享、软件资源共享以及通信信道共享三个方面。硬件资源包括在全网范围内提供的存储资源、输入/输出资源等昂贵的硬件设备。硬件资源共享既可以节省用户投资，也便于网络的集中管理和负荷的均衡分担。软件资源包括互联网上用户远程访问的各类大型数据库、网络文件传送服务、远地进程管理服务和远程文件访问服务等。通信信道可以理解为电信号的传输介质，通信信道是计算机网络中最重要的资源之一。

（二）网络通信

计算机网络通信的内容不仅包括传统的文字数据信息，还包括图形、图像、声音、视频流等各种多媒体信息。

（三）分布处理

对于大型任务的处理，通常并不集中在一台大型计算机上，而是通过计算机网络将待处理任务进行合理分配，分散到各个计算机上。这样，在降低软件设计复杂性的同时，也可以大大提高工作效率和降低成本。

（四）集中管理

和分布处理相反，对地理位置相对分散的组织和部门，可通过计算机网络来实现集中管理，如数据库情报检索系统、交通运输部门的订票系统、军事指挥系统等。

（五）均衡负荷

当网络中某台计算机的任务负荷太重时，通过网络和应用程序的控制和管理，可将作业分散到网络中的其他计算机中，由多台计算机共同完成。

三、计算机网络的分类

说到计算机网络，大家通常会听到很多名词，如局域网、广域网、ATM（异步传输模式）网络、IP（网际互联协议）网络等。上述这些名词都是计算机网络按照不同的分类标准分类之后得到的一种具体的称呼。在一般情况下，计算机网络可以按照网络覆盖范围、传输技术、网络拓扑结构以及传输介质等来分类。

（一）按网络覆盖范围分类

虽然计算机网络类型的划分标准不同，但是从网络覆盖的地理范围划分是一种大家都认可的通用网络划分标准。根据该标准可以将各种不同网络类型划分为局域网、城域网、广域网和互联网。需要说明的是，这里的网络划分并没有严格意义上地理范围的区分，只能是一个定性的概念。

（1）局域网（local area network，LAN）。局域网是我们最常见、应用最广的一种网络。早期的局域网就在一个房间内，后来扩展到一栋楼甚至几栋楼里面。现在随着整个计算机网络技术的发展，局域网可以扩大到一个企业、一个学校、一个社区等。但不管局域网如何扩展，它所覆盖的地区范围还是较小。局域网在计算机数量配置上没有太多的限制，少的可以只有两台，多的可达几百台。一般来说，在企业局域网中，工作站的数量在几十到两百台。在网络所涉及的地理距离上一般是几米至 10 km 以内。局域网的特点是连接范围小、用户数少、配置容易、连接速率高。目前，局域网中最快的以太网，连接速率可以达到 10 Gbit/s。为了适应局域网的快速发展，电气和电子工程师协会（IEEE）的 802 标准委员会定义了多种主要局域网标准，如以太网（Ethernet）、令牌环网（Token Ring）、光纤分布式接口网络（fiber distributed data interface，FDDI）、异步传输方式（asynchronous transfer mode，ATM）以及最新的无线局域网（wireless local area network，WLAN）。局域网可以在全网范围内提供对处理资源、存储资源、输入/输出资源等昂贵设备的共享，使用户节省投资，也便于集中管理和均衡分担负荷。

（2）城域网（metropolitan area network，MAN）。城域网的规模比局域网大，一般来说是在一个城市范围内的计算机互联。其用户可以不在同一个地理小区范围内。这种网络的连接距离可以在 10～100 km，采用的是 IEEE802.6 标准。城域网比局域网扩展的距离更长，连接的计算机数量更多，从地理范围上是对局域网络的延伸。一般情况下，在一个大型城市或都市地区中，一个城域网通常连接着多个局域网。例如：连接政府机构的局域网、医院的局域网、公司企业的局域网等。光纤技术的发展和引入，使城域网中高速的局域网互联成为可能。城域网一般采用 ATM 技术做骨干网。ATM 是一种用于数据、语音、视频以及多媒体应用程序的高速网络传输方法。它包括一个接口和一个协议，该协议能够在一个常规的传输信道上，在比特率不变及变化的通信量之间进行切换。ATM 包括硬件、软件以及与 ATM 协议标准一致的介质。ATM 提供一个可伸缩的主干基础设施，以便能够适应不同规模、速度以及寻址技术的网络。ATM 的最大缺点就是成本太高，所以一般在政府城域网中应用。允许互联网上的用户远程访问各类大型数据库，可以得到网络文件传送服务、远地进程管理服务和远程文件访问服务，从而避免软件研制上的重复劳动以及数据资源的重复存储，也便于集中管理。

（3）广域网（wide area network，WAN）。广域网也称为远程网，其所覆盖的范围比城域网广,一般是将不同城市或者不同省份之间的局域网或者城域网互联,地理范围可从几百千米到几千千米。因为距离较远,信息衰减比较严重,所以这种网络一般是要租用专线,通过接口信息处理协议和线路连接起来,构成网状结构,解决寻径问题。由于城域网的出口带宽有限,且连接的用户多,所以用户的终端连接速率一般较低,通常为 9.6 kbit/s~45 Mbit/s,如我国的第一个广域网——CHINAPAC 网。广域网使用的主要技术为存储转发技术。城域网与局域网之间的连接是通过接入网来实现的。接入网又称为本地接入网或居民接入网,它是近年来由于用户对高速上网需求的增加而出现的一种网络技术,是局域网与城域网之间的桥接区。

(4)因特网(Internet)。因特网是英文单词 Internet 的谐音,又称为互联网,是规模最大的网络,也就是常说的 Web、WWW 和万维网等。Internet 发展至今,已经逐步改变了人们的生活和生产方式,我们可以足不出户购买商品,可以在虚拟社区建立自己的人际关系,可以在网络中找到自己适合的工作等。我们都是 Internet 的消费者,同时也是 Internet 信息的生产者。整个网络的计算机每时每刻都随着人们网络的接入和撤销在不断地发生变化,其网络实现技术也是最复杂的。

在上述网络中,在现实生活中应用最多的还是局域网。因为它灵活,无论在工作单位还是在家庭实现起来都比较容易,应用也最广泛。

广域网和因特网的区别:广域网在全网范围内采用的传输技术是相同的,比如 CHINAPAC 采用的传输技术就是 X.25 标准;而 Internet 可以将大大小小的局域网、广域网、城域网等连接起来,其中每一种网络采用的传输技术标准可以不相同,所以 Internet 的实现手段要远远复杂于广域网。

(二)按传输技术分类

根据传输技术,即网络中信息传递的方式,可将计算机网络分为广播式网络和点对点网络。

(1)广播式网络。广播式网络即在整个网络中有一个设备传递信息,其他所有设备都能收到该信息。其特点是应用的范围较小。所以广播式网络的规模不能太大,一般应用在局域网技术当中。

(2)点对点网络。点对点网络即信息的传递是一点一点地交换下去,类似接力比赛中接力棒依次传递。该方式可以应用于大规模的网络信息传递。

（三）按网络拓扑结构分类

把计算机网络按照计算机与计算机之间的连接方式来划分，可分为星形网络、环形网络、总线型网络、树形网络和网状网络。

（四）按传输介质分类

（1）有线网络。有线网络即计算机与计算机之间连接的媒体是看得见的，如双绞线、光纤等传输介质。

（2）无线网络。无线网络即计算机与计算机之间连接的媒体是看不见的，是利用空中的无线电波来传递信息的，如手机和笔记本可以利用 Wi-Fi 上网。

四、计算机网络的组成

一般而言，可以将计算机网络分成三个主要组成部分：①若干个主机，功能是为用户提供服务；②一个通信子网，主要由节点交换机和连接这些节点的通信链路所组成，功能是在不同节点之间传递信息；③一系列的协议，这些协议的功能是为在主机和主机之间、主机和子网中各节点之间的通信提供信息传递的标准，它是通信双方事先约定好的和必须遵守的规则。

为了便于分析与理解，根据数据通信和数据处理的功能，一般从逻辑结构上将网络划分为通信子网与资源子网两个部分（有的书籍将其划分为核心部分与边缘部分）。

（一）通信子网

通信子网由通信控制处理机（communication control processor, CCP）、通信线路与其他通信设备构成，负责完成网络数据传输、转发等通信处理任务。

CCP 在网络拓扑结构中被称为网络节点，具体的设备就是路由器。它有两方面功能：一是作为与资源子网中的主机、终端连接的接口，将主机和终端连入网内；二是作为通信子网中的信息存储转发节点，完成信息的接收、校验、存储、转发等功能，实现将源主机信息准确发送到目的主机的作用。路由器之间的连接方式一般采用点对点的连接方式；路由器之间的信息交换方式采用的是分组交换技术。而计算机网络技术课程讲解的主要内容就是网络中的一台主机发送了一个应用请求,该请求如何到达一台服务器（路由器）,该服务器如何理解这个请求,并将这个请求发送到另一个中间转接服务器或者是目的主机。

通信线路为通信控制处理机与通信控制处理机、通信控制处理机与主机之间提供通信信道。计算机网络采用了多种通信线路,如电话线、双绞线、同轴电缆、光缆、无线通信信道、微波与卫星通信信道等。

（二）资源子网

资源子网由主机系统、终端、网络操作系统、网络数据库、应用系统等组成。资源子网实现全网的面向应用的数据处理和网络资源共享。

1.主机系统

它是资源子网的主要组成单元,安装有本地操作系统、网络操作系统、数据库、用户应用系统等软件。它通过传输介质与通信子网的通信控制处理机（路由器）相连接。普通用户终端通过主机系统连入网内。早期的主机系统主要是指大型机、中型机与小型机。

2.终端

它是用户访问网络的界面。终端可以是简单的输入、输出终端,也可以是带有微处理器的智能终端。智能终端除具有输入、输出信息的功能外,本身还具有存储与处理信息的能力。终端既可以通过主机系统连入网内,也可以通过终端设备控制器、报文分组组装与拆卸装置或通信控制处理机连入网内。现在常用的个人计算机、平板电脑、手机等都是终端设备。

3.网络操作系统

它是建立在各主机操作系统之上的一个操作系统,用于实现不同主机之间的用户通信,以及全网硬件和软件资源的共享,并向用户提供统一的、方便的网络接口,便于用户使用网络。

4.网络数据库

它是建立在网络操作系统之上的一种数据库系统,既可以集中驻留在一台主机上（集中式网络数据库系统）,也可以分布在每台主机上（分布式网络数据库系统）。它向网络用户提供存取、修改网络数据库的服务,以实现网络数据库的共享。

5.应用系统

它是建立在上述部件基础的具体应用，以实现用户的需求。主机操作系统、网络操作系统、网络数据库系统和应用系统之间的层次关系如图 1-1 所示。在图 1-1 中，UNIX、Windows 为主机操作系统，其余为网络操作系统（network operating system, NOS）、网络数据库系统（network data base system, NDBS）和应用系统（application system, AS）。

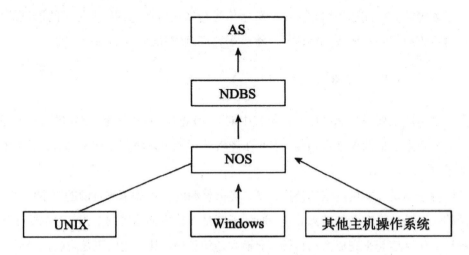

图 1-1　主机操作系统、网络操作系统、网络数据库系统和应用系统之间的层次关系

五、计算机网络的形成与发展

计算机网络从 20 世纪 50 年代中期诞生发展至今，经历了从简单到复杂、从单机到多机、从地区到全球的发展过程。其发展速度惊人，同时也改变了人们的生活方式。纵观计算机网络的形成与发展，主要经历了 4 个阶段：面向终端的计算机网络、多机互联网络、标准化网络、互联与高速网络。

（一）面向终端的计算机网络

这个阶段是从 20 世纪 50 年代中期至 20 世纪 60 年代中期。人们将彼此独立发展的计算机技术与通信技术相结合，进行计算机通信网络的研究。为了共享主机资源和信息采集以及综合处理，用一台计算机与多台用户终端相连，用户通过终端命令以交互方式使用计算机，人们把它称为面向终端的远程联机系统。

由于该系统中除中心计算机之外，其余的终端设备没有自主处理能力，所以还不是严格意义上的计算机网络。随着终端数目的增多，中心计算机的负载加重，为此在通信线路和中心计算机之间增加一个端处理机（front-end processor, FEP）专门用来负责通信工作，实现数据处理和通信控制的分工，发挥了中心计算机的数据处理能力。由于计算机和远程终端发出的信号都是数字信号，而公用电话线路只能传输模拟信号，所以在传输前必须把计算机或远程终端发出的数字信号转换成可在电话线上传送的模拟信号，传输后再将模拟信号转换成数字信号，这就需要调制解调器（modem）。

（二）多机互联网络

这个阶段主要是从 20 世纪 60 年代中期至 20 世纪 70 年代末。计算机网络要完成数据处理与数据通信两大基本功能，因此在逻辑结构上可以将其分成两部分：资源子网和通信子网。

资源子网是计算机网络的外层，它由提供资源的主机和请求资源的终端组成。资源子网的任务是负责全网的信息处理。通信子网是计算机网络的内层，它的主要任务是将各种计算机互连起来完成数据传输、交换和通信处理。其典型代表是阿帕网（Advanced Research Project Agency Network, ARPANET），它的研究成果对促进计算机网络的发展起到了重要的推动作用。

（三）标准化网络

这个阶段主要是从 20 世纪 80 年代至 20 世纪 90 年代初期。20 世纪 70 年代的计算机网络大都采用直接通信方式。1972 年以后，以太网、LAN、MAN、WAN 迅速发展，各个计算机生产商纷纷发展各自的网络系统，制定自己的网络技术标准。

1974 年，IBM 公司公布了它研制的系统网络体系结构。随后 DGE 公司宣布了自己的数字网络体系结构。1976 年，UNIVAC 宣布了该公司的分布式通信体系结构。

国际标准化组织（International Standard Organization, ISO）于 1977 年成立了专门的机构来研究该问题，并且在 1984 年正式颁布了开放系统互联基本参考模型（open systems interconnection reference model, OSI/RM）的国际标准，这就产生了第三代计算机网络。

（四）互联与高速网络

这一阶段主要从 20 世纪 90 年代中期至今。在这一阶段，计算机技术、通信技术、宽带网络技术以及无线网络与网络安全技术得到了迅猛的发展。特别是 1993 年美国宣布建立国家信息基础设施（national information infrastructure, NII）后，全世界许多国家纷纷建立本国的国家信息基础设施，其核心是建立国家信息高速公路。此计划极大地推动了计算机网络技术的发展，使计算机网络进入一个崭新的阶段，这就是计算机网络互联与高速网络阶段。

目前，全球以 Internet 为核心的高速计算机互联网络已经形成，Internet 已经成为人类最重要的、最大的知识宝库。网络互联和高速计算机网络成为第四代计算机网络。

六、计算机网络的拓扑结构与特点

（一）计算机网络拓扑的定义

计算机网络设计的第一步是解决问题，确保某一网络的响应时间、吞吐量和可靠性在给定计算机位置的基础上，通过选择适当的线、带宽和连接模式，使整个网络结构合理。

拓扑学是几何学的一个分支，从图论演变而来。拓扑学首先把实体抽象为与其大小和形状无关的"点"，将连接实体的线路抽象为"线"，进而研究"点""线""面"之间的关系。计算机网络拓扑结构通过网络节点和通信线路之间的几何关系来表示网络结构，反映出网络中各实体之间的结构关系。拓扑设计是建设计算机网络的第一步，它对网络性能有很大的影响，包括系统的可靠性和通信成本。应该指出，计算机网络拓扑结构是指通信子网的拓扑结构。

（二）计算机网络拓扑的分类

基本的网络拓扑结构有五种：星形结构、环形结构、总线型结构、树形结构与网状结构。

1.星形拓扑

在星形拓扑结构中，各节点通过点对点的通信线路与中心节点连接，中心节点控制整个网络的通信，任何两个节点之间的通信必须通过中心节点。星形拓扑结构的优点是结构简单，易于实现，便于管理；缺点是网络的中心节点是整个网络性能和可靠性的瓶颈，所以中心节点的故障可能导致整个网络瘫痪。

2.环形拓扑

在环形拓扑结构中,节点通过点对点的通信线路连接形成一个闭环,链路是单向的,数据沿一个方向（顺时针或逆时针）在网上传输。环形拓扑结构简单，传输延迟是明确的，但环中的每个节点与连接节点之间的通信线路都会成为网络可靠性的瓶颈，环中的任何节点故障都可能会导致网络瘫痪。为了方便节点的加入和退出，控制节点的数据传输序列，并确保网络的正常运行，有必要设计一个复杂的环维护协议。

3.总线型拓扑

在总线型拓扑结构中,总线上的一个节点发送数据,所有其他节点都能接收。由于所有节点共享一条传输链路,某一时刻只允许一个节点发送信息,因此需要有某种介质存取访问控制方式来确定总线的下一个占有者,也就是下一时刻可向总线发送报文的节点。总线型拓扑结构的优点是结构简单，可靠性强，易于增加新的节点；缺点是不易诊断故障,故障检测需在各节点逐一进行,任意处的故障都会导致信息的发送和接收失败。

4.树形拓扑

在树形拓扑结构中,节点根据层次进行连接,信息交换主要在上、下节点之间进行。树形拓扑是总线型拓扑的扩展形式。树形拓扑和总线型拓扑一样，一个主线站点发送的数据其他分支站点都能接收。因此，树形拓扑也可完成多点广播式通信。树形拓扑是适应性很强的一种网络结构，可适用于很宽的范围，在对网络设备的数量、传输速率和数据类型等没有太多限制的条件下,可达到很高的带宽。树形拓扑结构的优点是易于扩展,故障隔离容易；缺点是各节点对根节点的依赖性太强,一旦根节点发生故障,整个网络都会瘫痪。

5.网状拓扑

网状拓扑结构也称为不规则拓扑结构。在网状拓扑结构中,节点之间的联系是任意的和不规则的。网状拓扑结构的优点是系统可靠性高。然而，网状拓扑结构是复杂的,所以路由选择必须使用流控制和拥塞控制方法。广泛的区域网络通常使用一个网状拓扑结构。

七、计算机网络的传输媒介

网络传输媒介是网络中信息传输的通道，连接着通信网络中的发送方和接收方。传输媒介的性能特点对数据的传输速率、通信的距离、可连接的网络节点数目和数据传输的可靠性等均有很大的影响。传输媒介的选用直接影响到计算机网络的性质，而且直接关系到网络的性能、构造成本、架设难易程度。要使用哪一种传输媒介必须根据网络的拓扑结构、网络结构标准和传输速度来进行选择，不同类型的网络将使用不同的传输媒介。常用的网络传输媒介可分为两类：有线传输媒介和无线传输媒介。有线传输媒介主要有同轴电缆、双绞线和光纤；无线传输媒介有无线电波、微波、红外线、激光等。

（一）有线传输媒介

1.同轴电缆

同轴电缆是网络中最常用的传输介质，共有 4 层，最内层是中心导体，从里往外，依次分为绝缘层、屏蔽层和保护套。

同轴电缆根据其直径大小可以分为粗同轴电缆（RG-11）与细同轴电缆（RG-58）。粗缆的直径为 1.27 cm，最大传输距离达到 500 m。细缆的直径为 0.26 cm，最大传输距离为 185 m。粗缆适用于比较大的局部网络，它的标准距离长，可靠性高，由于安装时不需要切断电缆，因此可以根据需要灵活调整计算机的联网位置。但粗缆网络必须安装收发器电缆，安装的难度较大，所以总体造价较高。相反，细缆安装则比较简单，造价低，但由于安装过程要切断电缆，两头须装上基本网络连接头，然后接在 T 形连接器两端，所以当接头多时容易产生不良的隐患，这是目前运行中的以太网所发生的最常见故障之一。

按带宽和用途来划分，同轴电缆可以分为基带和宽带两种。基带同轴电缆传输的是数字信号，在传输过程中，信号将占用整个信道，数字信号包括由 0 到该基带同轴电缆所能传输的最高频率，因此在同一时间内，基带同轴电缆仅能传送一种信号。宽带同轴电缆传送的是不同频率的信号，这些信号需要通过调制技术调制到各自不同的正弦载波频率上。传送时应用频分多路复用技术分成多个频道传送，使数据、声音和图像等信号在同一时间内在不同的频道中被传送。宽带同轴电缆的性能比基带同轴电缆好，但需要附加信号处理设备，安装比较困难，适用于长途电话网、电缆电视系统及宽带计算机网络。

2.双绞线

双绞线是综合布线工程中最常用的一种传输介质,由两根绝缘的金属导线扭在一起而成,通常还把若干双绞线对(2 对或 4 对)捆成一条电缆并用坚韧的护套包裹着,每对双绞线合并作一路通信线使用,进行双绞的目的是减小各对导线之间的电磁干扰,所以得名双绞线。

现行双绞线电缆中一般包含 4 个双绞线对,双绞线接头为具有国际标准的 RJ-45 插头和插座。双绞线分为屏蔽双绞线(shielded twisted pair, STP)与非屏蔽双绞线(unshielded twisted pair, UTP)。屏蔽双绞线在双绞线与外层绝缘封套之间有一个金属屏蔽层。屏蔽层可减少辐射,防止信息被窃听,也可阻止外部电磁干扰的进入,使屏蔽双绞线比同类的非屏蔽双绞线具有更高的传输速率,适用于网络流量较大的高速网络协议应用。非屏蔽双绞线外面只有一层绝缘胶皮,所以重量轻、易弯曲、易安装,组网灵活,很适合应用于结构化布线,适用于网络流量不大的场合中。为此,现在使用的基本都是非屏蔽双绞线,计算机网络中最常用的是第三类和第五类非屏蔽双绞线。与其他传输介质相比,双绞线在传输距离、信道宽度和数据传输速度等方面均受到一定限制,但价格较为低廉。

3.光纤

光纤是光导纤维的简写,是一种利用光在玻璃或塑料制成的纤维中的全反射原理而达成的光传导工具,由能传导光波的石英玻璃纤维外加保护层构成。光纤共有三层,最内层是玻璃内芯,从里往外依次分为反射层、塑料保护层。

按光在光纤中的传输模式可将光纤分为:单模光纤和多模光纤。

单模光纤的中心玻璃芯较细(芯径一般为 9 或 10 μm),只能传播一种模式的光。因此,其模间色散很小,适用于远程通信,但其色度色散起主要作用,这样单模光纤对光源的谱宽和稳定性有较高的要求,即谱宽要窄,稳定性要好。一般光纤跳纤用黄色表示,接头和保护套为蓝色。光纤传输距离较长。单模光纤传输的距离最远可达到 10 km,多模光纤的中心玻璃芯较粗(50 或 62.5 μm),可传多种模式的光。但其模间色散较大,这就限制了传输数字信号的频率,而且随距离的增加会更加严重。多模光纤传输的距离就比较近,最长只有 2 km。

多模光纤一般光纤跳纤用橙色表示,也有的用灰色表示,接头和保护套用米色或者黑色,传输距离较短。

光纤具有宽带、数据传输率高、抗干扰能力强、传输距离远等优点。但光纤的价格比较昂贵，安装困难，只能点对点连接，连接技术难度大，因此目前一般只在主干网中使用。

（二）无线传输媒介

无线传输是指在两个通信设备之间不使用任何物理连接，而是通过空间传输的一种技术。

1.无线电波

无线电波是指在自由空间（包括空气和真空）传播的射频频段的电磁波。无线电通信利用电磁波振荡在空中传递信号。电磁波中的电磁场随着时间而变化，从而把辐射的能量传播至远方。

利用无线电波进行通信占用一个专门频率，所以必须经过相关部门的批准才能使用，成本非常昂贵，传输过程中被窃听的可能性很大，而且受环境和天气的影响也比较大。

2.微波

微波是指频率为 300 MHz～300 GHz 的电磁波，是无线电波中一个有限频带的简称，即波长在 1 m（不含 1 m）到 1 mm 之间的电磁波，是分米波、厘米波、毫米波的统称。微波频率比一般的无线电波频率高，通常也称为超高频电磁波。

微波通信是利用微波传播进行的通信。微波通信是远距离通信的重要手段之一。微波通信不需要固体介质，当两点间直线距离内无障碍时就可以使用微波传送。

利用微波进行通信具有容量大、质量好的特点，并可传至很远的距离，因此是国家通信网的一种重要通信手段，也普遍适用于各种专用通信网。

3.红外线

红外线是太阳光线中众多不可见光线中的一种，由德国科学家霍胥尔于 1800 年发现，又称为红外热辐射。红外线可分为三部分，即近红外线，波长为 0.75～1.50 μm；中红外线，波长为 1.50～6.0 μm；远红外线，波长为 6.0～1 000 μm。

红外通信就是通过红外线传输数据。红外通信利用红外技术实现两点间的近距离保密通信和信息转发。它一般由红外发射和接收系统两部分组成，发射系统对一个红外辐射源进行调制后发射红外信号，而接收系统用光学装置和红外探测器进行接收，就构成红外通信系统。红外通信具有体积小，重量轻，价格低廉，保密性强，信息容量大，结构简单，既可以在室内使用也可以在野外使用等特点，但是它必须在视距内通信，且传播受天气的影响。在不能架设有线线路，使用无线电又怕暴露的情况下，使用红外线通信是比较好的。

4.激光

激光通信是指把激光作为信息载体实现通信的一种方式，它通常用于取代或补偿目前的微波通信。激光通信包括激光大气传输通信、卫星激光通信和水下激光通信等多种方式。

激光通信具有信息容量大、传送线路多、保密性强、可传送距离较远、设备轻便、费用经济等优点。

第二节　网络协议

一、网络协议的基本概念

为了使网络中相互通信的两台计算机系统高度协调地交换数据，每台计算机都必须在有关信息内容、格式和传输顺序等方面遵守一些事先约定的规则。这种为进行网络中数据通信而建立的规则、标准或约定，我们称为网络协议。

实际上，为了实现人与人之间的交互，通信规约无处不在。例如，在使用邮政系统发送信件时，信封必须按照一定的格式书写（如收信人和发信人的地址必须按照一定的位置书写），否则，信件可能不能到达目的地；同时，信件的内容也必须遵守一定的规则（如使用中文书写），否则，收信人可能不能理解信件的内容。在计算机网络中，信息的传输与交换也必须遵守一定的协议，而且传输协议的优劣直接影响网络的性能，因此网络协议实质上是计算机间通信时所使用的一种语言，制定和实现网络协议是计算机网络的重要组成部分。

网络协议通常由语义、语法和定时关系（变换规则）三部分组成。语义定义"做什么"，语法定义"怎么做"，而定时关系则定义"何时做"。计算机网络是一个庞大的、复杂的系统，网络的通信规则也不是一个网络协议可以描述清楚的。因此，在计算机网络中存在多种协议，每一种协议都有其设计目标和需要解决的问题，同时，每一种协议也有其优点和使用限制。这样做的主要目的是使协议的设计、分析、实现和测试简单化。

网络协议的划分应保证目标通信系统的有效性和高效性。为了避免重复工作，每个协议应该处理没有被其他协议处理过的那部分通信问题，同时，这些协议之间也可以共享数据和信息。例如，有些协议工作在网络的较低层次上，保证数据信息通过网卡到达通信电缆；有些协议工作在较高层次上，保证数据到达对方主机上的应用进程。这些协议相互作用，协同工作，共同完成整个网络的信息通信，处理所有的通信问题和其他异常情况。

二、网络协议的层次结构

化繁为简、各个击破是人们解决复杂问题常用的方法。对网络进行层次划分就是将计算机网络中庞大的、复杂的问题划分成若干较小的、简单的问题，通过"分而治之"的方法，解决这些较小的、简单的问题，从而解决计算机网络中的大问题。

计算机网络层次结构的划分应按照"层内功能内聚，层间耦合松散"的原则。也就是说，在网络中功能相似或紧密相关的模块应放置在同一层；层与层之间应保持松散的耦合，使信息在层与层之间的关联减到最小。

计算机网络采用层次化结构的主要优点在于：

（1）各层之间相互独立。某一层只要了解下一层通过接口所提供的服务，而不需了解其实现细节。

（2）灵活性好。各层都可以采用最合适的技术来实现，当任何一层发生变化时，只要接口保持不变，则在这层以上或以下各层均不受影响。另外，当某层提供的服务不再需要时，甚至可将这层取消。

（3）易于实现和维护。整个系统已被分解为若干个易于处理的部分，这种结构使得一个庞大而又复杂的系统的实现和维护变得容易控制。

（4）有利于网络标准化。因为每一层的功能和所提供的服务都已有了精确的说明，便于人们理解与实现，所以标准化变得较为容易。

第二章　数据通信及数据通信技术

第一节　数据通信基础知识

一、信息、数据与信号

（一）信息、数据与信号的含义

信息、数据与信号是三个不同的概念。

组建计算机网络的目的是实现信息共享。信息的载体可以是文字、语音、图形、图像或视频。传统的信息主要是指文本或数字类信息。随着网络电话、网络电视、网络视频技术的发展，计算机网络传送的信息从最初的文本或数字类信息，逐步发展到包含语音、图形、图像与视频等多种类型的多媒体信息。

在计算机中，数据是指能够输入到计算机中并能为计算机所处理的数字、文字、字符、声音、图片、图像等。数据与信息关系密切，数据是信息的载体，信息要靠数据来承载，生活中的数字、文字、声音、图片、活动影像都可以用来表示各种信息。反过来说，孤立的数据没有意义，而一组有相互关系的数据可以表达特定的信息。例如，39是一个普通的数据，单独说 39 没有任何意义，但当将它与其他特定数据联系起来的时候，它就能表达特定的信息。例如，人的体温 39 ℃给出的信息是发烧，而天气的气温是 39 ℃给出的信息是热。数据通信的目的是交换信息。

信号是数据的物理量编码（通常为电编码），数据以信号的形式在介质中传播。与数据类似，信号也分成模拟信号和数字信号。模拟信号是连续的，取遍某个区间内的所有值。数字信号是离散的，只包含几个值，如 0，1，从一个值变为另一个值是以突变的形式出现的，没有经过中间的过程。

（二）信息、数据与信号的关系

图 2-1 为信息、数据与信号关系的示意图。假如在一次屏幕会话中，发送端计算机发送一个英文单词"NETWORK"，计算机按照 ASCII 编码规则用一组特定的二进制比特序列的"数据"记录下来。但是计算机内部的二进制数不符合传输介质传输的要求，不能够直接通过传输介质传输。要正确实现收发双方之间的比特流传输，首先要将待传输的计算机产生的二进制比特序列通过数据信号编码器转换为一种特定的电信号，再由发送端的发送设备通过通信线路，将信号传送到接收端。接收端的数据信号接收设备在接收到信号之后，传送给数据信号解码器，还原出二进制数据。接收端计算机按照 ASCII 编码规则解释接收到的二进制数据，并在接收端计算机的屏幕上显示出"NETWORK"这样一个英文单词。因此，会话双方之间交换的是"信息"，计算机将信息转换为计算机能够识别、处理、存储与传输的"数据"，而计算机网络物理层之间通过传输介质传输的是"信号"。

图 2-1　信息、数据与信号关系示意图

（三）模拟信号与数字信号

用于表示数据的信号有两种类型，一种是模拟信号，另一种是数字信号。模拟信号是随时间连续变化的，用随时间连续变化的物理量表示实际的数据，例如在电话网中用于传输语音的信号。数字信号是随时间离散的、跳变的，例如，在计算机中是用两种不同的电平去表示数字 0 和 1，再用不同的 0，1 比特序列组合表示不同的数据。模拟信号和数字信号的波形如图 2-2 所示。

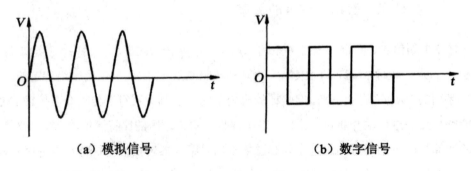

（a）模拟信号　　　　　　　　（b）数字信号

图 2-2　模拟信号与数字信号

二、数据通信系统

数据通信是指在不同计算机之间传送表示字母、数字、符号的二进制 0，1 比特序列的模拟或数字信号的过程。按照在传输介质上传输的信号类型，通信系统分为模拟通信系统与数字通信系统两种，如图 2-3 所示。

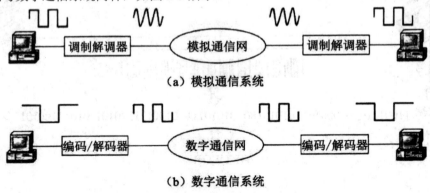

（a）模拟通信系统

（b）数字通信系统

图 2-3　模拟通信系统与数字通信系统

（一）模拟通信系统

如果通信子网只允许传输模拟信号，那么这样的通信系统叫模拟通信系统。由于现代计算机中都是用数字信号表示数据，所以如果用模拟通信系统传输数据，需要在发送端将数字信号转换成模拟信号，在接收端再将模拟信号转换成数字信号。实现模拟信号与数字信号变换的设备叫调制解调器，将数字信号转换成模拟信号的过程叫调制，将模拟信号转换成数字信号的过程叫解调。模拟通信系统如图 2-3（a）所示。

（二）数字通信系统

如果通信子网允许传输数字信号，那么这样的通信系统叫数字通信系统，尽管计算机中的信号也是数字信号，但是为了改善通信的质量，在发送端需要对计算机中传输的原始数字信号进行变换，这个过程称为编码；在接收端需要进行反变换，这个过程称为解码。数字通信系统如图 2-3（b）所示。

三、数据通信方式

（一）串行通信与并行通信

按照数据通信时瞬间数据传输的位数，可以将数据通信分为两种类型：串行通信与并行通信。串行通信一次传输一位二进制数，在发送端和接收端之间只需要一条通信信道，但是由于计算机内部采用的是并行通信方式，所以在发送端要将并行通信的字符按照由低位到高位的顺序依次发送，在接收端再将收到的二进制序列转换成字符。

并行通信一次可以同时传输多位二进制数（通常是 8 位），需要在发送端和接收端之间存在多条数据线。显然，并行通信效率高，但是由于需要多条数据线，在远程传输时造价高，所以实际应用中多采用串行通信方式。

（二）数据通信的交互方式

数据通信的交互方式有 3 种，即单工、半双工和全双工。

1.单工通信

在单工模式下，两个通信节点在同一时刻只能在一个方向上进行数据传输，一端为发送方，只能发送数据，另一端为接收方，只能接收数据，但是双方可以传输一些控制信息。单工通信的典型例子是无线寻呼机（BP 机），无线寻呼系统是一种没有话音的单向广播式通信系统，它会将主叫用户发送的信息发送到被叫寻呼机上，但被叫用户不能利用寻呼机发送信息。单工通信方式如图 2-4（a）所示。

2.半双工通信

半双工通信允许数据在两个方向上传输，但是在某一时刻，只允许数据在一个方向上传输，一端发送数据时另一端只能处于接收状态。它实际上是一种由开关控制的单工通信，半双工设备既有发送器，也有接收器。半双工通信的典型例子是步话机，该设备在任何时刻都只能由一方说话，通信方向由开关控制。半双工通信方式如图 2-4（b）所示。

3.全双工通信

全双工通信允许数据同时在两个方向上传输。因此，全双工通信是两个单工通信方式的结合，全双工设备既有发送器，也有接收器，两台设备可以同时在两个方向上传送数据。全双工通信的典型例子是电话，通信双方可同时说话。全双工通信方式如图 2-4（c）所示。

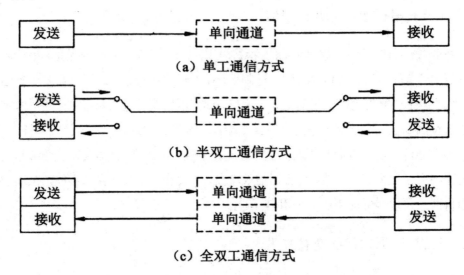

图 2-4 单工、半双工、全双工通信方式

（三）同步问题

在数据通信中，要想让接收方能够正确地识别发送方发送的数据，就需要通信双方的设备在时间基准上保持一致，这就是同步问题。说得直白一些，所谓同步，就是让接收方知道发送方发送的数据从什么时刻开始、到什么时刻结束的技术。

1.位同步

如果数据通信的双方是两台计算机，则即使两台计算机的时钟频率相同（假如都是

330 MHz），实际上不同计算机的时钟频率误差也是不相同的。这种时钟频率的差异将导致不同计算机发送和接收的时钟周期误差。尽管这种差异是微小的，但在大量数据的传输过程中，其积累误差足以造成接收比特取样周期和传输数据的错误。因此，数据通信首先要解决收发双方的时钟频率一致性问题。实现位同步的方法主要有外同步法与自带同步法两种。外同步法是在发送正常的数据的同时，另发一路同步时钟信号，如图2-5（a）所示，用同步时钟信号去校正接收方的时间基准与时钟频率。外同步法原理简单，但需要增加一条数据线，导致设备复杂，成本提高。自带同步法是在发送数据的同时，通过编码技术让传输的数据中包含同步信息，如图 2-5（b）所示。自带同步法不需要增加数据线，容易实现，在数据通信中得到广泛使用。

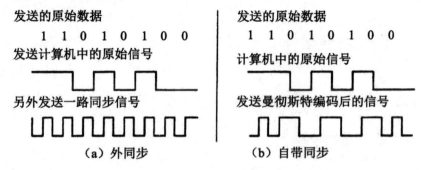

图 2-5　位同步

2.字符同步

在解决比特同步问题之后，第二个需要解决的是字符同步问题。实现字符同步的方法也有两种：异步传输和同步传输。异步传输是以字符为单位的数据传输，一个字符通常包括 4～8 位，在传输字符的第一位前加入一位事先约定好的起始位，它用来告知接收方传输字符开始了，让接收方做好接收准备；在传输字符最后一位的后面，加入一位或两位事先约定好的终止位，用于告知接收方字符传输结束。如果一个数据块由多个字符组成，则一个字符一个字符地传输，传输两个字符之间的时间间隔不固定，所以叫异步传输。异步传输的原理如图2-6（a）所示。异步传输需要加入较多的冗余位，传输效率低，一般用于传输数据量不大、速率要求不高的场合。

采用同步方式进行数据传输称为同步传输。同步传输是多个字符组成一个数据块一起传输，在数据块的开头和结尾分别加上用于同步控制的专用字符，每个数据块内不再加附加位，接收方根据同步字符确定数据块的开始和结束。同步传输冗余位少、传输效率高，在高速数据传输中广泛使用。同步传输的原理如图2-6（b）所示。

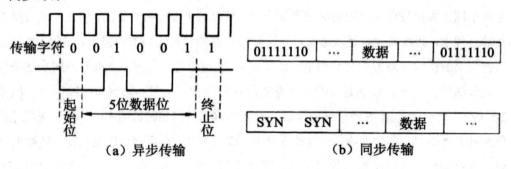

图 2-6　字符同步

四、数据通信指标

衡量通信系统的性能指标主要有数据传输速率、带宽、信道容量、误码率等。

（一）数据传输速率

数据传输速率是描述数据传输系统的重要技术指标之一，它定义为每秒传输的位数，计算公式为

$$R=1/T.$$

式中，R 为数据传输速率；T 为脉冲宽度（一位的持续时间）。

常用的数据传输速率单位有 kbps、Mbps、Gbps 与 Tbps，各单位之间的换算为：

$$1 \text{ kbps}=1\times10^3 \text{ bps}$$

$$1 \text{ Mbps}=1\times10^6 \text{ bps}$$

$$1 \text{ Gbps}=1\times10^9 \text{ bps}$$

$$1 \text{ Tbps}=1\times10^{12} \text{ bps}.$$

（二）码元速率

码元速率是指调制或信号变换过程中，每秒波形转换次数或每秒传输波形（信号）的个数，表示为

$$C=1/t.$$

式中，C 为码元速率，单位为波特（baud）；t 为传输一个码元所需的时间，单位为秒（s）。

码元可以看成一个数字脉冲，数据传输时，一个码元携带的信息量可以是不同的。如果用一个码元代表一位二进制数，则一个码元有两种状态，也就是说，一个码元可取 2 个离散值（0，1），这种调制叫作两相调制。如果让一个码元携带多位二进制数信息，则叫多项调制。

码元速率与数据传输速率的关系为

$$R = C\log_2 M.$$

式中，M 为一个码元所取的离散值的个数，一个码元取 0，1 两个离散值时（$M=2$）时，$R=C$，这时数据传输速率与码元速率相等；一个码元可以取 00，01，10，11 四个离散值时，$M=4$，$R=2C$，数据传输速率是码元速率的 2 倍。随着 M 值的提高，信道噪声也会增加，还会抑制传输速率的提高，所以 M 值要受到限制。

（三）带宽

带宽是信道允许传送的信号的最高频率与最低频率之差，单位为赫（Hz），但是在许多场合人们把带宽的单位也看成 bps（位/秒）。可以这样理解：每传输一位需要耗用一个赫兹的带宽。

带宽用于衡量一个信道的数据传输能力，与数据传输速率成正比，在其他条件不变的情况下，带宽越大，数据传输速率越高。带宽还可以表达信道允许通过的信号的频率范围，当信号有用的频谱分布范围超过信道带宽时，将产生失真。

（四）信道容量

信道容量是在理想情况下，即在没有传输损耗和噪声干扰的情况下，信道的最大数据传输速率。奈奎斯特（Harry Nyquist）在研究了信道带宽对传输速率的影响后提出了奈奎斯特准则：

$$C = 2B.$$

式中，B 为信道带宽；C 为码元速率。换算成数据传输速率为

$$R_{max} = 2B\log_2 M.$$

奈奎斯特准则为估算已知带宽信道的最高数据传输速率提供了依据。

然而现实情况是，理想信道是不存在的，实际的信道上总会存在损耗、延迟和噪声，香农（Claude Elwood Shannon）在研究了噪声对信道数据传输能力的影响后，提出了在考虑噪声干扰的情况下数据传输速率的计算公式，即香农公式：

$$R = B\log_2(1 + S/N).$$

式中，R 为数据传输速率；B 为信道带宽；S/N 为信号功率与噪声功率之比，简称"信噪比"。

（五）误码率

误码率用于衡量信道出错率，定义为

$$P_e = N_e/N.$$

式中，P_e 为误码率；N_e 为传输过程中出现错误的位数；N 为传输总的位数。

五、数据编码

数据编码是实现数据通信的一项重要工作，除用模拟信号传送模拟数据不需要编码外，数字数据在数字信道上传送需数字信号编码，数字数据在模拟信道上传送需调制编码，模拟数据在数字信道上传递更是需要进行采样、量化和编码过程。

（一）模拟数据的数字编码

在数字化的电话交换和传输系统中，通常需要将模拟的话音数据编码成数字信号后再进行传输，这一过程最常用、最简单的编码方式是脉冲编码调制（pulse code modulation, PCM）。PCM 是一种直接简单地把语音经抽样、A/D 转换得到的数字均匀量化后进行编码的方法，是其他编码算法的基础。基于采样定理，如果在规定的时间间隔内，以模拟信号最高频率的两倍或两倍以上的速率对该信号进行采样，则采样值包含了无混叠而又便于分离的全部原始信号信息。利用低通滤波器可以不失真地从这些采样值中重新构造出该模拟信号。

PCM 编码过程可包括采样、量化和编码三个步骤，具体如下：

1.采样

采样就是对模拟信号进行周期性扫描，把时间上连续的信号变成时间上离散的信号。

2.量化

量化就是把经过抽样得到的瞬时值的幅度离散，即用一组规定的电平，把瞬时抽样值用最接近的电平值来表示。

3.编码

编码是把量化后的样本值变成相应的二进制代码。

PCM 编码方式简单，易于实现，但编码效率低，在实际使用过程中还有多种编码方式，如霍夫曼（Huffman）编码等。

（二）数字数据的数字信号编码

如图 2-7 所示，基带传输中常用的数字信号编码方式有以下三种：

1.不归零制编码

对于传输数字信号来说，最普遍而且最容易实现的方法是用两个不同的电平来表示二进制数字 0 和 1。例如，低电平常用来表示 0，高电平常用来表示 1。有些场合用正电平表示 0，负电平表示 1 也很普遍。后一种方法如图 2-7（a）所示，称为不归零制编码。不归零制编码传输存在若干缺点。首先，它难以决定一个数据位的结束和另一数据位的开始，需要有某种方法来使发送器和接收器进行定时或同步。其次，如果连续传输 1 或 0，那么在每位时间内将有累积的直流分量。这样，使用变压器，并在数据通信设备和所处环境之间提供良好的绝缘的交流耦合是不可能的。最后，直流分量可使连接点产生电蚀或其他损坏。

2.曼彻斯特编码

能够克服不归零制编码的缺点的另外一种编码方案就是曼彻斯特编码，如图 2-7（b）所示，这种编码通常用于局域网的通信，如以太网。在曼彻斯特编码方式中，每一位的中间有一个跳变，每一位中间的跳变可以作为时钟信号，而跳变方向又可以作为数据信号，从高电平跳向低电平表示 1，从低电平跳向高电平表示 0。相对于不归零制编码而言，曼彻斯特编码尽管有着不少优势，但要占用双倍的信号带宽。

3.差分曼彻斯特编码

还有一种常用的编码方案是差分曼彻斯特编码，如图 2-7（c）所示，它的特点是 0，1 数值是由每个位周期开始的边界是否存在跳变来确定的，每个位周期的开始边界有跳变代表 0，无跳变则代表 1，与跳变的方向无关。

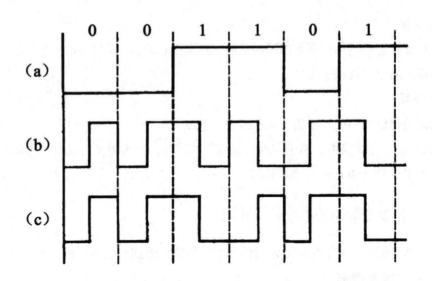

图 2-7　常用的数字信号编码方式

（三）数字数据的调制编码

数字数据在模拟信道上发送的基础就是调制技术,调制需要一种称为载波信号的连续的、频率恒定的信号,载波可用 $A\cos(\omega t+\varphi)$ 表示。调制就是通过改变载波的振幅、频率或相位来对数字数据进行编码。图 2-8 给出了对数字数据的模拟信号进行调制的 3 种基本形式,即幅移键控法(amplitude shift keying, ASK)、频移键控法(frequency shift keying, FSK)和相移键控法(phase shift keying, PSK)。在相移键控法方式下,利用载波信号的相位移动来表示数据。图 2-8(c)是一个二相调制的例子,用相同的相位表示二进制数据 0,用相反的相位表示二进制数据 1。也就是说,用相位是否发生变化来表示数据 1 和 0。相移键控法也可以使用多于二相的相移。四相调制能把两个二进制位编码到一个信号中。PSK 技术有较强的抗干扰能力,而且比 FSK 方式更有效。

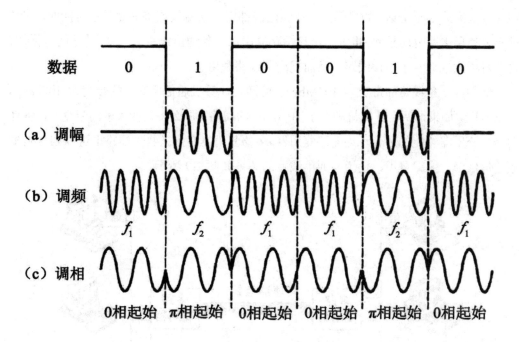

图 2-8　三种调制方法的调制波形

　　上述所讨论的各种技术也可以组合起来使用。常见的组合是相移键控法和幅移键控法，组合后在两个振幅上均可以分别出现部分相移或整体相移。

第二节　数据通信技术

一、多路复用技术

（一）多路复用的基本概念

　　在数据通信中，两个节点间的通信线路都有一定的带宽，如果在一条线路上只传输一路信号，则通信线路利用率就太低了。为了提高线路利用率，可以考虑让多个数据源合用一条传输线路，这样的技术叫多路复用技术。多路复用技术应用非常广泛，例如，现在很多家庭都有电话,如果每两个电话用户都用一条专线连接显然是不可能的,这时就需要使用多路复用技术,将多个用户话路复用在一条通信线路上,然后进行远程传输。这样就极大地节省了传输线路,从而提高了线路利用率。

例如,一条线路的带宽为 10 Mbps,而两台计算机通信所需要的带宽为 100 kbps 一条信道。如果这两台计算机独占了 10 Mbps 的线路,那么将浪费大量的带宽。具备复用器与分用器功能的设备称为多路复用器。多路复用器在一条物理线路上可以划分出多条通信信道。多路复用、信道与通信线路的关系如图 2-9 所示。

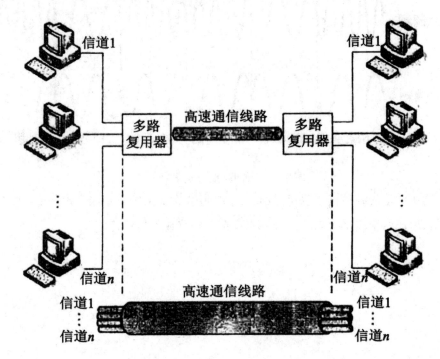

图 2-9　多路复用、通信线路与信道关系示意图

(二)频分多路复用

物理信道的可用带宽超过要传输信号所需的总带宽时,可将该物理信道的总带宽划分成若干个与传输单个信号带宽相同(或略宽)的子频带,每个子频带传输一路信号,即频分多路复用(frequency division multiplexing, FDM)技术。

采用频分多路复用技术时,输入多路复用器的既可以是数字信号,也可以是模拟信号。如图 2-10 所示,各路信号源输入多路复用器时,多路复用器通过频带传输技术(频谱搬移）将各路信号调制到物理信道频谱不同的频段上（子信道），然后用不同的频率调制每一路信号，每路信号要使用一个以它的载波频率为中心的一定带宽的通道进行数据传输，实现信道的复用。为了防止互相干扰，使用保护频带来隔离每一个子信道。

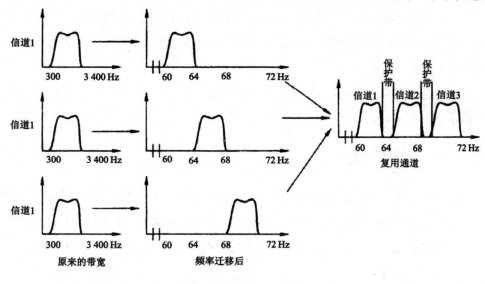

图 2-10　频分多路复用

频分多路复用要求总频带宽度要大于各子信道频带宽度之和。所有子信道的频带信号叠加进入公共信道传输，在信号的出口端再利用滤波器将各子信道的频带信号分离出来。

在实际应用中，有线电视台的信号传送就是采用频分多路复用技术，将很多频道的信号通过一条线路传输，用户可以选择收看其中的任何一个频道。ADSL 宽带接入技术也是利用频分多路复用技术将普通电话线路所传输的低频信号和高频信号分离，3 400 Hz 以下的低频部分用于电话通信，3 400 Hz 以上的高频部分用于网络通信。

频分多路复用的优点是信道复用率高、分路方便，是目前模拟通信中常采用的一种复用技术。频分多路复用存在的主要问题依然是各路信号之间的相互干扰。

（三）时分多路复用

在数字通信系统中，由于数字信号频率分布范围广，传输时需要独占信道的带宽，而且对信道带宽有要求，所以，使用频分多路复用就不行了。时分多路复用分为两种方式：同步时分多路复用和统计时分多路复用。

在同步时分多路复用中，每个周期内，一个信源都只能占用一个时间片，不同周期的相同时间片组成一个子信道，某信源要发送数据，必须等属于该信源所占用子信道的时间片到来，当某个子信道的时间片到来时，如果该信源没有数据要传送，其他信源不能占用，就意味着这一部分带宽被浪费了。

在统计时分多路复用中，传输数据量大的信源可以占用更多的时间片，这是一种见缝插针的方法，所有信源发来的数据在一起排队，只要有空闲时间片到来就按照排列顺序插入数据。

同步时分多路复用控制简单，但信道利用率低；统计时分多路复用正相反，控制复杂，但信道利用率高。

（四）波分多路复用

波分多路复用（wavelength division multiplexing, WDM）是在一根光纤上复用多路光载波信号。波分多路复用是光波段的频分多路复用，只要每个信道的光载波频率互不重叠，它们就能以多路复用方式通过共享光纤进行远距离传输，如图 2-11 所示。

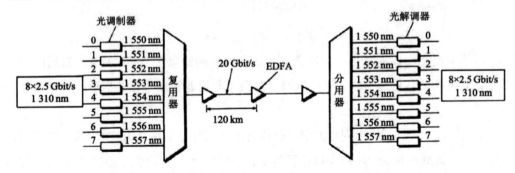

图 2-11　波分多路复用

波分多路复用的工作原理是在光学系统中利用衍射光栅来实现多路不同频率光波信号的合成与分解。图 2-12 为波分多路复用的工作原理示意图。两束光载波的波长分别为 λ_1 和 λ_2，它们通过光栅之后，通过一条共享的光纤传输到达目的主机，之后经过光栅重新分成两束光载波。利用波分多路复用设备（棱镜或光栅）将不同信道的信号调制成不同波长的光，并复用到光纤信道上。从光纤 1 进入的光载波将传送到光纤 3；从光纤 2 进入的光载波将传送到光纤 4。随着光学技术的发展，一根光纤上已经能够复用更多的光载波信号。

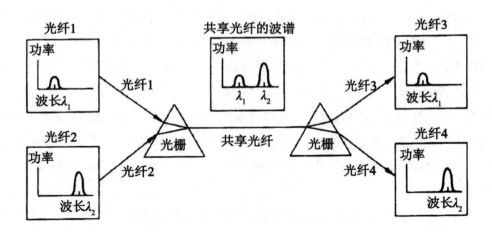

图 2-12　波分多路复用的工作原理

（五）码分多路复用

码分多路复用（code division multiplexing, CDM）是另一种信道复用方法。实际上，其更常用的名字是码分多址访问（code division multiple access, CDMA）。该技术允许多个用户在同一时刻使用相同频率进行通信，占用相同带宽，但各用户必须使用经过特殊挑选的码型来调制数据，这样各用户之间才不会造成干扰。CDMA 是一种采用扩频技术的通信方式，按照所使用的扩频技术分为直接序列 CDMA（记为 DS-CDMA）和跳频 CDMA（记为 FH-CDMA）。

CDMA 发送的信号有很强的抗干扰能力，它最初用于军事通信。随着技术的进步，CDMA 设备的价格和体积都大幅度下降，现在已广泛使用在民用的移动通信和无线局域网中。采用 CDMA 可提高通信的质量和数据传输的可靠性，减少干扰对通信的影响，增大系统的通信容量。

在 DS-CDMA 的卫星通信系统中，源端和目的端要经过两次调制过程，即基础调制和多路调制。如果在该系统中有 N 个地面站，并要求任意两个地面站之间能同时进行通信，则所需要的地址码数为 $N(N-1)$。地址码通过伪随机码发生器产生。为了避免 N 个伪随机地址码中任意两个码之间的相互干扰，要求它们必须两两相互正交（把地址码当作一个向量看待），即内积为零。直接扩频多路通信系统性能的好坏，与伪随机地址码的选择有着密切的关系。

接下来再简单讨论一下 DS-CDMA 的传输原理。假定每个信息位的宽度为 T，在

DS-CDMA 系统中，每个 T 时间再被划分为 m 个小时间片，使每一个时间片的长度为 T/m。这样含有更微细结构的 T 时间宽度称为一个码片。DS-CDMA 系统中的每一个站点都分配一个 m 位的码片序列（或称码片向量），每个码片序列的长度正好等于 T，这个码片序列就是每个终端的地址码。在通常情况下，m 的取值是 64 或 128，但在下面的例子中，为了描述方便，假定 m 的取值为 8。为了讨论和计算方便，按惯例采用了双极型的形式，即二进制的 0 由 −1 代替，1 由 +1 代替。书写时，将码片序列用括号括起来，如指派给站点 A 的码片序列是 00011011，则用（−1−1−1+1+1−1+1+1）表示。

站点发送数据时，它就用对方的码片序列来调制要发送的信息。例如：若要发送的信息是二进制 1，则发送码片序列 S；若要发送的信息是二进制 0，则发送码片序列的反码 S'。可以看出，DS-CDMA 的带宽是原始信息带宽的 m 倍。若两个或两个以上的站点同时开始传输，它们的双极型信号就线性相加。例如，在某一码片内，3 个站点输出 +1，一个站点输出 −1，那么结果就为 +2。

要从信号中还原出单个站点的比特流，接收方必须事先知道站点的码片序列。通过计算收到的码片序列（所有站点发送的线性总和）和欲还原站点的码片序列的内积，就可还原出原比特流。假设收到的码片序列为 S，接收方想收听的站点码片序列为 C，只要计算它们的内积 S·C，根据不同地址序列内积为零的特征，就可以得出原始比特流。

在理想状态下，无噪声的 CDMA 系统的容量（即站点的数量）可以任意大，就像无噪声的奈奎斯特信道在对采样使用多比特编码情况下其容量任意大一样。但在实际中，由于物理条件的限制，容量大打折扣。首先，这里假定所有的码片在时间上都是同步的，但在实际中，这是不可能的。在实际应用中，发送方发送一个足够长的已知接收方可以锁定的码片序列，使发送方和接收方同步。其他的所有传送（非同步的）都被认为是随机噪声。只要非同步传送不是太多，基本的解码算法的工作效果仍然相当好。而且码片序列越长，准确从噪声中探测到有效信号的可能性就越大。另外需要说明的是，为了获得额外的安全性，比特序列可以采用纠错码，但码片序列却从不使用纠错码。

二、数据交换技术

（一）数据交换的基本概念

数据交换是广域网中的通信技术。在远程通信中，数据要经过通信子网中的多个节点一站一站地传输才能送到接收端，那么，数据是用什么方式通过通信子网的呢？是怎样在通信子网中一站一站地传输的？这就是数据交换问题。这种在节点间转发的通信方式称为交换。

（二）线路交换

线路交换的过程包括建立线路、数据传输、释放线路 3 个阶段，其交换原理如图2-13 所示。

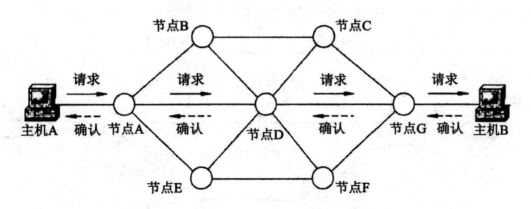

图 2-13 线路交换基本原理

1.建立线路

如图 2-13 所示，主机 A 要和主机 B 通信，首先，主机 A 发出建立连接请求数据包，该数据包含有呼叫的目的地址和本次通信量的大小信息,连接请求数据包被送到与主机A 直接相连的节点 A。节点 A 接收数据包，根据数据包中的目的地址寻找最佳路径，假设下一站选择了节点 D, 节点 D 为本次通信选择了下一节点 G，最后连接请求被送到主机 B。如果主机 B 同意连接，就向节点 G 发回确认信息，节点 G 向节点 D 确认，节点 D 向节点 A 确认，节点 A 向主机 A 确认，这样一个连接就建立起来了。线路一旦被分配，在未释放之前，其他站点将无法使用，即使该线路上并没有数据传输。

2.数据传输

在已经建立物理线路的基础上，主机 A 和主机 B 之间就可以进行数据传输了。在数据传输过程中，中间节点不对数据进行处理，没有纠错和缓存功能，数据既可以从主机 A 传往主机 B，也允许相反方向的数据传输。

3.释放线路

当数据传输完毕后，执行释放线路的动作。该动作可以由通信双方中任一方发起，释放线路请求数据包通过中间节点送往对方，最后释放整条线路资源。

（三）报文交换

报文交换的原理如图 2-14 所示，以主机 A 向主机 B 发送报文为例来说明。主机 A 将发送的数据和源地址、目的地址以及其他控制信息组装成报文，然后发送到通信子网中的节点 A。其他节点（节点 B，D，F，G）等也按照接收报文、缓存报文、对报文纠错、选择最佳路径、发送报文的顺序对报文进行处理和传输。

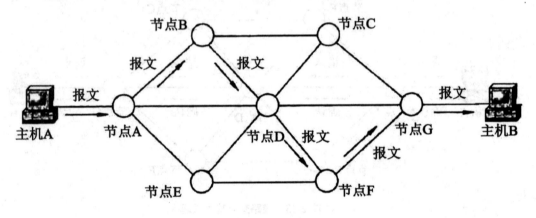

图 2-14　报文交换基本原理

（四）分组交换

1.分组交换的概念

所谓分组交换，是在报文交换的基础上，将报文分成更小的单位——分组，然后以分组为单位进行传输。以邮寄一本书为例，报文交换好比是将一本书装在一个大信封里，写上地址信息进行邮寄；而分组交换好比是将这本书拆成一页页的纸，每页纸装在一个信封中邮寄。从表面上看，这有些烦琐，但实际上，在网络通信中这样做可以带来很多好处。首先，分组交换更利于检错纠错，在报文交换中，如果接收端发现报文中有错误，哪怕是很小的错误，都需要发送端将报文重发一遍，而分组交换更加灵活，如果接收端发现哪个分组出现错误，只需要重传那个分组就行了。其次，由于与报文相比，分组很小，因此对中间节点缓冲区要求也很低。

2.数据报交换方式

数据报交换方式的原理如图 2-15 所示，以主机 A 向主机 B 发送报文分组为例，主机 A 先将报文分成一个个的分组，每个分组都独立携带地址信息和其他控制信息，将分组按顺序依次发送到通信子网中的节点 A。节点 A 依次接收分组并存储，检查每个分组中的错误，并为每个分组单独选择路径，由于通信子网的工作状态是不断变化的，所以节点 A 为每个分组选择的路径可能是不同的，如果路径空闲，则节点 A 将每个分组按照选好的路径发送给下一节点，如果所选路径忙就存储。其他节点也和节点 A 一样，完成同样的工作。

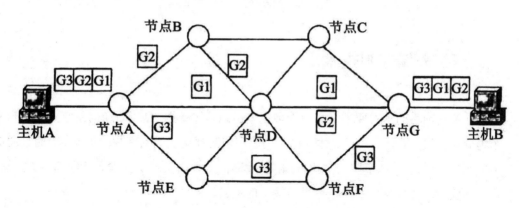

图 2-15　数据报交换方式的原理

3.虚电路交换方式

虚电路交换方式的原理如图 2-16 所示。以主机 A 向主机 B 发送报文分组为例，首先，主机 A 向主机 B 发送一个请求连接的分组，该分组携带源地址和目的地址信息，连接建立的过程与线路交换类似，假设这条虚电路为主机 A—节点 A—节点 D—节点 G—主机 B。但是虚电路交换方式并不独占通信线路，而是为所有的分组"约定"一条到达目的端的通路，当有数据传输时，这条"电路"就存在，当没有数据传输时，这条路径中的信道就为其他数据传输服务，"电路"就消失，这就是虚电路中"虚"的含义。虚电路建立好后，主机 A 将报文分成组，每个分组都携带一个虚电路号和除地址信息之外的其他控制信息，然后将分组依次发送到虚电路上，沿虚电路传输。虚电路中的每个节点都要对每个分组进行检错纠错、存储转发，但是不需要再为分组选择路径。最终，分组将按发送顺序到达主机B。

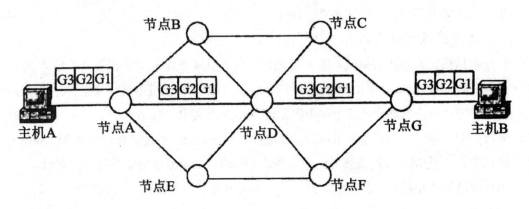

图2-16　虚电路交换方式的原理

三、差错控制技术

计算机网络的基本要求是高速而且无差错地传输数据信息，而通信系统主要由一个个物理实体组成。一个物理实体无论从制造到装配都无法达到理想的理论值，而且通信系统在运作中，也会受到周围环境的影响。因此，一个通信系统根本无法做到完美无缺，这就需要考虑如何发现和纠正信号传输中的差错。

（一）差错的产生与控制

数据信号在物理信道中传输时，线路本身电器特性造成的随机噪声、相邻线路间的串扰以及各种外界因素（如外界强电流磁场的变化、电源的波动等）等都会造成数据信号的失真，使接收端接收到的数据与发送端发送的数据不一致，从而出现数据差错。

物理信道中的噪声是引起数据信号畸变产生差错的主要原因。噪声会在数据信号上叠加高次谐波，从而引起接收端判断错误。

物理信道中的噪声分为两类，即热噪声和冲击热噪声。热噪声是通信信道上固有的、持续存在的热噪声，如线路本身电气特性随机产生的信号幅度、频率、相位的畸变和衰减，电气信号在线路上产生反射造成的回音效应，相邻线路之间的串扰等。冲击热噪声是由外界某种原因突发产生的，如大气中的闪电、电源开关的跳火、外界强电磁场的变化、电源的波动等。

由于热噪声会造成传输中的数据信号失真，产生差错，所以在传输中要尽量减少热噪声的影响。基于上述原因，在通信系统的数据传输过程中，常采用差错控制技术减少或避免由于热噪声的影响而产生的差错。判断数据经传输后是否有错的手段和方法称为差错检测，确保传输数据正确的方法和手段称为差错控制。

（二）差错控制的方法

在数据通信系统中，差错控制包括差错检测和差错纠正两部分，实现差错控制主要有以下三种方法：

1.反馈重发检错方法

自动反馈重发控制（automatic repeatre quest, ARQ）又称为停止等待方式。在 ARQ 中，当接收端检测到接收信息有错后，就通过反馈信道通知发送端重发源信息，直到收到正确的码字为止，从而达到纠正错误的目的。ARQ 只使用检错码，包括停止等待 ARQ 和连续 ARQ 方式，而连续 ARQ 又包括选择 ARQ 和 Go-Back-N 方式。

2.前向纠错方法

前向差错控制（forward error control, FEC）又称为前向纠错。在 FEC 中，接收端通过所接收到的数据中的差错编码进行检测，判断数据是否出错。当 FEC 使用纠错码时，不但能发现差错，而且能确定二进制码元发生错误的位置，从而加以纠正。

3.混合纠错方法

在混合纠错方法中，发送端既能自动纠错，又能检错。接收端收到码流后，检查差错情况。如果错误在纠错能力范围以内，则自动纠错；如果超过了纠错能力，但能检测出来，则经过反馈信道请求发送端重发。这实际上是 FEC 和 ARQ 方法的结合。

（三）差错控制编码

网络中纠正出错的方法通常是让发送方重传出错的数据，所以，差错检测更为重要。下面是常用的两种差错检测方法。

1.奇偶校验

奇偶校验是差错控制编码检测中最简单的一种。这种检验方法的基本做法是：在原编码中的每个字节的尾部都增加一位，称为校验位，这样，原编码就变成了一个包含校验位的新码组。如果加入校验位以后，新码组中"1"的个数为偶数，则称这种检验为偶校验；如果加入校验位以后，新码组中"1"的个数为奇数，则称这种检验为奇校验。然后，将整个码组一起发送，并且确保一个数据段连续传输。到达接收端以后，再对数据段中"1"的个数的奇偶性进行检测，如果数据段中"1"的个数的奇偶性与发送时保持一致，则认为数据段传输正常；否则，则认为数据传输过程中产生差错，要求重发该数据段。显然，这样做虽然不能完全保证数据段传输正确无误，但是起码可以大幅度降低差错的概率。

2.循环冗余码校验

奇偶校验作为一种检验码虽然简单，但是漏检率太高。因此，在计算机网络和数据通信中使用最广泛的检错码是一种漏检率低得多也便于实现的循环冗余码。循环冗余（cyclie redundancy check, CRC）是一种相对较复杂的检验方法，又称多项式码。这种编码对随机差错和突发差错均能以较低的冗余度进行严格的检查，有很强的检错能力。

CRC 的工作原理如下：

在发送端，先把数据划分为组，假定每组 k 个比特。现假设待传送的一组数据 $M=101001$（现在 $k=6$）。我们在 M 的后面再添加供差错检测用的 n 位冗余码一起发送。用二进制的模 2 运算进行 2^n 乘 M 的运算，这相当于在 M 后面添加 n 个 0。得到的 $(k+n)$ 位的数除以事先选定好的长度为 $(n+1)$ 位的除数 G（G 称为生成多项式），得出商是 Q 而余数是 R，余数 R 比除数 G 少 1 位，即 R 是 n 位。

四、数字接入技术

（一）接入技术的分类

用户接入可以分为家庭接入、校园接入、机关与企业接入，接入技术可以分为有线接入与无线接入两大类。从实现技术的角度来看，宽带接入技术包括有线接入和无线接入。

（二）ADSL 接入技术

1.数字用户线 xDSL 的基本概念

一提起家庭用户计算机接入 Internet，人们自然会想到利用电话线路是最方便的方法。因为电话的普及率很高，如果能够将为语音通信的电话线路改造为既能够通话又能上网的线路，那是最理想的方法。数字用户线（digital subscriber line, DSL）技术就是为了达到这个目的而对传统电话线路改造的产物。数字用户线是指从用户家庭、办公室到本地电话交换中心的一对电话线。用数字用户线实现通话与上网有多种技术方案，如非对称数字用户线（asymmetric digital subscriber line, ADSL）、高比特率数字用户线（high-bitrate digital subscriber line, HDSL）、甚高比特率数字用户线（very high-bit-rate digital subscriber line, VDSL）等，因此人们通常使用前缀 x 来表示不同的数据用户线技术方案，统称为 xDSL。

ADSL 技术最初由 Intel、Compaq Computer、Microsoft 公司成立的特别兴趣组 SIG 提出，如今这个组织已经包括大多数主要的 ADSL 设备制造商和网络运营商。由于电话交换网是唯一可以在全球范围内向住宅和商业用户提供接入的网络，使用 ADSL 技术可以最大限度地保护电信运营商在组建电话交换网时的投资，又能够满足用户方便地接入 Internet 的需求。

2.接入技术的特点

ADSL 技术的特点主要表现在以下三个方面：

（1）ADSL 在电话线上同时提供电话与 Internet 接入服务。ADSL 可以在现有的用户电话线上通过传统的电话交换网，以不干扰传统模拟电话业务为前提，同时能够提供高速数字业务。数据业务包括 Internet 在线访问、远程办公、视频点播等。由于用户不需要专门为获得 ADSL 服务而重新铺设电缆，因此运营商在推广 ADSL 技术时，用户端的投资相当小，推广容易。

（2）ADSL 提供的非对称带宽特性。ADSL 系统在电话线路上划分出三个信道：语音信道、上行信道与下行信道。在 5 km 的范围内，上行信道的速率为 16～640 kbps，下行信道的速率为 1.5～9.0 Mbps。用户可以根据需要选择上行和下行速率。

（3）ADSL 结构。ADSL 用户端的分路器实际上是一组滤波器，其中低通滤波器将低于 4 000 Hz 的语音信号传送到电话机，高通滤波器将计算机传输的数据信号传送到 ADSL Modem。家庭用户的个人计算机通过 Ethernet 网卡、100Base-T 非屏蔽双绞线与 ADSL Modem 连接。由于分路器设计成无源的，因此即使用户端停电也不会影响电话的使用。

ADSL Modem 又称为接入端接单元（access termination unit, ATU）。ADSL Modem 是成对使用的。用户端 ADSL Modem 称为远端 ATU，记为 ATU-R；电话局端 ADSL Modem 称为局端 ATU，记为 ATU-C。ATU-R 将用户计算机发送的数据信号通过上行信道发送；接收的数据信号则从下行信道传输给计算机。

多路用户计算机的数据信号由数字用户线接入复用器（digital subscriber line access multiplexer, DSLAM）处理。一个 DSLAM 可以支持 500～1 000 个用户，每个用户按平均数据交换量 6 Mbps 计算，那么一个 DSLAM 应该具有 6 Gbps 的数据交换能力。

3.ADSL 标准

1992 年底，ANSI T1E1.4 工作组研究了带宽为 6 Mbps 的视频点播的 ADSL 标准。1997 年，ADSL 应用重点从视频点播转向宽带 Internet 接入时，研究的目标是 1.5～9 Mbps 的 ADSL 标准。1999 年公布的 ITU-T 的 G.992.2 标准下行速率为 1.5 Mbps。近年来陆续公布了更高速率的第二代 ADSL 标准，例如 G.993 与 G.994 的 ADSL2 标准、G.995 的 ADSL2＋标准。其中，ADSL2＋标准将频谱从 1.1 MHz 扩大到 2.2 MHz，下行速率可以达到 16 Mbps，最大传输速率可以达到 25 Mbps，上行速率可以达到 800 kbps。

（三）HFC 接入技术

1.光纤同轴电缆混合网的研究背景与技术特征

20 世纪 60 年代到 70 年代的有线电视网络技术只能提供单向的广播业务，那时的网络以简单共享同轴电缆的分支状或树状拓扑结构组建。随着交互式视频点播、数字电视技术的推广，用户点播与电视节目播放必须使用双向传输的信道，因此产业界对有线电视网络进行了大规模的双向传输改造。光纤同轴电缆混合网（hybrid fiber coax, HFC）就是在这样的背景下产生的。要理解 HFC 技术特征，需要注意以下问题：

（1）HFC 技术的本质是用光纤取代有线电视网络中的干线同轴电缆，光纤接到居民小区的光纤节点之后，小区内部接入用户家庭仍然使用同轴电缆，这样就形成了光纤与同轴电缆混合使用的传输网络。传输网络形成以头端为中心的星状结构。

（2）在光纤传输线路上采用波分多路复用的方法，形成上行和下行信道，在保证正常电视节目播放与交互式视频点播（video on demand, VOD）节目服务的同时，为家庭用户计算机接入 Internet 提供服务。

（3）从头端向用户传输的信道称为下行信道，从用户向头端传输的信道称为上行信道。下行信道又需要进一步分为传输电视节目的下行信道与传输计算机数据信号的下行信道。

（4）我国的有线电视网的覆盖面很广，通过对有线电视网络的双向传输改造，可以为很多的家庭宽带接入 Internet 提供一种经济、便捷的方法。因此，HFC 已成为一种极具竞争力的宽带接入技术。

2.HFC 接入技术的特点

要理解 HFC 接入工作原理，需要注意以下问题：

（1）HFC 下行信道与上行信道频段划分有多种方案。既有下行信道与上行信道带宽相同的对称结构，也有下行信道与上行信道带宽不同的非对称结构。

（2）用户端。用户端的电视机与计算机分别接到线缆调制解调器。调制解调器与入户的同轴电缆连接。调制解调器将下行有线电视信道传输的电视节目传送到电视机；将下行数据信道传输的数据传送到计算机；将上行数据信道传输的数据传送到头端。

（3）头端。HFC 系统的头端又称为电缆调制解调器终端系统。一般的文献中仍然沿用传统有线电视系统"头端"的名称。头端的光纤节点设备对外连接高带宽主干光纤，对内连接有线广播设备与连接计算机网络的 HFC 网关。有线广播设备实现交互式电视点播与电视节目播放。HFC 网关完成 HFC 系统与计算机网络系统的互连，为接入 HFC 的计算机提供访问 Internet 服务。

（4）小区光纤节点将光纤干线和同轴电缆相互连接。光纤节点通过同轴电缆下引线可以为几千个用户服务。HFC 采用非对称的传输速率，上行信道速率最高可以达到 10 Mbps。下行信道速率最高可以达到 36 Mbps，减去各种开销之后的有效净荷能够达到 27 Mbps。

（5）HFC 对上行信道与下行信道的管理是不相同的。由于下行信道只有一个头端，因此下行信道是无竞争的。上行信道是由连接到同一个同轴电缆的多个调制解调器共享。如果是 10 个用户共同使用，则每个用户可以平均获得 1 Mbps 的带宽，因此上行信道属于有竞争的信道。

（四）光纤接入技术

1.光纤接入与 FTTx 的基本概念

光纤接入是指局端与用户端之间完全以光纤作为传输介质的接入方式。光纤接入可以分为有源光网络（active optical network, AON）接入与无源光网络（passive optical network, PON）接入两类。同步光纤网属于有源光网络，Internet 的接入主要采用无源光网络接入方式，在局端与用户端之间没有任何有源电子设备，通过无源的光器件构成光传输网络。

人们将多种光纤接入方式称为 FTTx，这里的 x 表示不同的光纤接入地点。根据光纤深入用户的程度，光纤接入可以进行如下划分：

（1）光纤到家（fiber to the home, FTTH）是用一根光纤直接连接到家庭，省去了整个铜线设施（馈线、配线与引入线），增加了用户的可用带宽，减少了网络系统维护的工作量。

（2）光纤到楼（fiber to the building, FTTB）采用光纤到楼、高速局域网到户（即 FTTP＋LAN），它是一种经济和实用的接入方式。使用 FTTB 不需要拨号，用户开机即可接入 Internet，这种接入方式类似于专线接入。

（3）光纤到路边（fiber to the curb, FTTC）是一种基于优化 xDSL 技术（即 FTTC＋xDSL)的宽带接入方式。这种接入方式适用于小区家庭已经普遍使用 ADSL 的情况。FTTC 可以提高用户可用带宽，而不需要改变 ADSL 的使用方法。FTTC 一般采用小型的 ADSL 复用器（DSLAM），部署在电话分线盒的位置，一般覆盖 24～96 个用户。

（4）光纤到节点（fiber to the node, FTTN）与 FTTC 类似，它与 FTTC 的区别主要在 DSLAM 部署的位置与覆盖的用户数。FTTN 将光纤延伸到电缆交接盒，一般覆盖 200～300 个用户；FTTN 比较适合用户比较分散的农村。

（5）光纤到办公室（fiber to the office, FTTO）与 FTTH 类似，只是 FTTO 主要针对小型的企业用户。显然，FTTO 接入不但能够提供更大的带宽，简化了网络的安装与维护，而且能够快速引入各种新的业务，是最具发展前景的接入技术。

2.FTTx 接入的结构特点

由于光纤接入形成了从一个局端到多个用户端的传输链路，多个用户共享一条主干光纤的带宽，因此 PON 是一种点到多点的系统。

PON 的点到多点结构是由局端的光线路终端（optical line terminal, OLT）、用户端的光网络单元（optical network unit, ONU）、无源光分路器（passive optical splitter, POS）组成，共同构成了光配线网（optical distribution network, ODN）。POS 与用户端有两种连接方法：第一种是 POS 与 ONU 连接，ONU 完成用户端光信号与电信号的转换，通过铜缆连接到用户的网络终端（NT）设备；第二种是直接通过光纤连接用户端的光网络终端（ONT），由 ONT 连接用户终端设备。

光配线网采用光波分复用，上、下行信道分别采用不同波长的光。在光信号传输中多采用功率分割型无源光网络（PSPON）技术，下行采用广播方式传输数据，上行采用时分多路复用（TDMA）方式传输数据。局端主干光纤发送的下行光信号功率经过无源光分路器以 $1:N$ 的分路比进行功率分配后，再通过接入用户端的光纤，将光信号广播到光网络单元。POS 的分路比一般为 $1:2$、$1:8$、$1:32$ 或 $1:64$。POS 分路越多，每个光网络单元分配到的光信号功率就越小。因此，POS 所采用的分路比受到用户端光网络单元对最小接收功率的限制。

3.EPON 标准与应用

将 PON 与广泛应用的 Ethernet 相结合形成的 EPOS 技术是目前发展最快、部署最多的 PON 技术。IEEE 在 1998 年开始 EPON 标准的研究，直到 2001 年才形成 IEEE802.3ah 标准。IEEE802.3ah 标准支持上、下行速率固定为 1.25 Gbps。为了适应更高速率的 Ethernet 技术，IEEE 制定了 802.3av 10 Gbps EPON 标准。802.3av 标准在将下行速率提高到 10 Gbps 的同时，与 802.3ah 标准保持着很好的兼容性，使得 10 Gbps EPON 与 1 Gbps EPON 的光网络单元共存于一个光配线网中，这样可以在持续提升接入带宽的同时，最大限度地保护运营商的投资。

（五）移动通信接入技术

1.空中接口与 3G/4G 标准

移动通信的主要相关概念是：接口、信道、移动台与基站。无线通信中手机与基站通信的接口称为空中接口。所有通过空中接口与无线网络通信的设备统称为移动台。移动台可以分为车载移动台和手持移动台。手机就是目前最常用的便携式的移动台。基站包括天线、无线收发信机，以及基站控制器（basic station controller, BSC）。基站一端通过空中接口与手机通信，另一端接入移动通信系统。手机与基站之间的无线信道包括手机向基站发送信号的上行信道，以及基站向手机发送信号的下行信道。上行信道与下行信道的频段是不相同的。

需要注意的是：基站与手机之间是通过广播方式、点到多点方式连接的，一个基站需要通过多个空中接口接收多个手机的信号。空中接口标准就是用于标识移动台，控制多个移动台对基站访问的通信协议。3G/4G 主要是指不同的空中接口标准。

2.移动通信系统接入 Internet 基本工作原理

移动通信系统是由移动终端、接入网与核心交换网三部分组成的。核心交换网也称为核心网，包括移动交换中心（mobile switching center, MSC）的移动交换机，归属位置寄存器（home location register, HLR）、访问位置寄存器（visited location register, VLR）与鉴权中心（authentication center, AUC）服务器。

访问位置寄存器可以存储各种动态的数据，具体包括漫游到本地移动通信网络的外地手机号码、所在位置及其所选业务类型等。归属位置寄存器用来存储本地入网主机的相关重要信息，具体包括手机号码、用户识别码、所选业务以及漫游信息等。

手机移动接入对于三网融合是一个重要的推进。智能手机集中地体现出 Internet 数字终端设备的概念、技术发展与演变。目前，智能手机已经不是一种简单的通话工具，而是集电话、掌上电脑、照相机、摄像机、录音机、收音机、电视、游戏机以及 Web 浏览器多种功能于一体的消费品，是移动计算与移动 Internet 一种重要的用户终端设备。智能手机必然成为集移动通信、软件、嵌入式系统、Internet 应用技术于一体的电子产品。手机设计、制造与后端网络服务的技术正朝着跨领域、综合服务的方向发展，这表明已从技术、业务与网络结构等方面实现了电信网、广播电视网与计算机网络三者的深入融合，也为物联网的推广应用打下了很好的基础。

第三章　计算机网络安全技术

第一节　计算机网络安全

一、网络安全的含义与目标

（一）网络安全的含义

网络安全从其本质上来讲就是网络上的信息安全。它涉及的领域相当广泛，这是由于在目前的公用通信网络中存在着各种各样的安全漏洞和威胁。从广义上来说，凡是涉及网络上信息的保密性、完整性、可用性、真实性和可控性的相关技术与原理，都是网络安全所要研究的领域。

网络安全是指网络系统的硬件、软件及其系统中的数据的安全，它体现在网络信息的存储、传输和使用过程中。所谓网络安全性，就是网络系统的硬件、软件及其系统中的数据受到保护，不因偶然的或者恶意的因素而遭到破坏、更改、泄露，系统能够连续可靠正常地运行，网络服务不中断。它的保护内容包括：保护服务、资源和信息；保护节点和用户；保护网络私有性。

从不同的角度来说，网络安全具有不同的含义。

从一般用户的角度来说，他们希望涉及个人隐私或商业利益的信息在网络上传输时受到保密性、完整性和真实性的保护，避免其他人或对手利用窃听、冒充、篡改等手段对用户信息进行损害和侵犯，同时也希望用户信息不受非法用户的非授权访问和破坏。

从网络运行与管理者的角度来说，他们希望对本地网络信息的访问、读写等操作受到保护和控制，避免出现病毒、非法存取、拒绝服务和网络资源的非法占用及非法控制等威胁，制止和防御网络黑客的攻击。

对安全保密部门来说，他们希望对非法的、有害的或涉及国家机密的信息进行过滤和防堵，避免其通过网络泄露，避免由于这类信息的泄密对社会产生危害，给国家造成巨大的经济损失，甚至威胁到国家安全。

从社会教育和意识形态角度来说，网络上不健康的内容会对社会的稳定和人类的发展造成阻碍，必须对其进行控制。

由此可见，网络安全在不同的环境和应用中会得到不同的解释。

（二）网络安全的目标

从计算机网络安全的定义可以看出，网络安全应达到以下几个目标：

1.保密性

保密性是指对信息或资源的隐藏，是信息系统防止信息非法泄露的特征。信息保密的需求源自计算机在敏感领域的使用。访问机制支持保密性。其中密码技术就是一种保护保密性的访问控制机制。所有实施保密性的机制都需要来自系统的支持服务。其前提条件是：安全服务可以依赖于内核或其他代理服务来提供正确的数据，因此假设和信任就成为保密机制的基础。

保密性可以分为以下四类：

（1）连接保密：对某个连接上的所有用户数据提供保密。

（2）无连接保密：对一个无连接的数据报的所有用户数据提供保密。

（3）选择字段保密：对一个协议数据单元中的用户数据经过选择的字段提供保密。

（4）信息流保密：对可能通过观察信息流导出信息的信息提供保密。

2.完整性

完整性是指信息未经授权不能改变的特性。完整性与保密性强调的侧重点不同，保密性强调信息不能非法泄露，而完整性强调信息在存储和传输过程中不能被偶然或蓄意修改、删除、伪造、添加、破坏或丢失，信息在存储和传输过程中必须保持原样。

信息完整性表明了信息的可靠性、正确性、有效性和一致性，只有完整的信息才是可信任的信息。影响信息完整性的因素主要有硬件故障、软件故障、网络故障、灾害事件、入侵攻击和计算机病毒等。保障信息完整性的技术主要有安全区通信协议、密码校验和数字签名等。实际上，数据备份是防范信息完整性受到破坏的最有效恢复手段。

3.可用性

可用性是指信息可被授权者访问并按需求使用的特性，即保证合法用户对信息和资源的使用不会被不合理地拒绝。对网络可用性的破坏，包括合法用户不能正常访问网络资源和有严格时间要求的服务不能得到及时响应。影响网络可用性的因素包括人为与非人为两种。前者是指非法占用网络资源，切断或阻塞网络通信，降低网络性能，甚至使网络瘫痪等；后者是指灾害事故（火、水、雷击等）和系统死锁、系统故障等。

保证可用性最有效的方法是提供一个具有普适安全服务的安全网络环境。通过使用访问控制阻止未授权资源访问，利用完整性和保密性服务来防止可用性攻击。访问控制、完整性和保密性成为协助支持可用性安全服务的机制。

（1）避免受到攻击。一些基于网络的攻击旨在破坏、降低或摧毁网络资源。解决办法是加强这些资源的安全防护，使其不受攻击。免受攻击的方法包括：关闭操作系统和网络配置中的安全漏洞；控制授权实体对资源的访问；防止路由表等敏感网络数据的泄露。

（2）避免未授权使用。当资源被使用、占用或过载时，其可用性就会受到限制。如果未授权用户占用了有限的资源（如处理能力、网络带宽和调制解调器连接等），则这些资源对授权用户就是不可用的，通过访问控制可以限制未授权使用。

（3）防止进程失败。操作失误和设备故障也会导致系统可用性降低。解决方法是使用高可靠性设备、提供设备冗余和提供多路径的网络连接等。

4.可控性

可控性是指对信息及信息系统实施安全监控管理。主要针对危害国家信息的监视审计，控制授权范围内的信息的流向及行为方式。使用授权机制控制信息传播的范围和内容，必要时能恢复密钥，实现对网络资源及信息的可控制能力。

5.不可否认性

不可否认性是对出现的安全问题提供调查的依据和手段。使用审计、监控、防抵赖等安全机制，使得攻击者和抵赖者无法逃脱，并进一步对网络出现的安全问题提供调查依据和手段，保证信息行为人不能否认自己的行为。实现信息安全的可审查性，一般通过数字签名等技术来实现不可否认性。

（1）不得否认发送。这种服务向数据接收者提供数据源的证据，从而可以防止发送者否认发送过这个数据。

（2）不得否认接收。这种服务向数据发送者提供数据已交付给接收者的证据，因而接收者事后不能否认曾收到此数据。

二、网络面临的安全威胁及其成因

（一）网络面临的安全威胁

研究网络安全，首先要研究构成网络安全威胁的主要因素。网络的安全威胁是指网络信息的一种潜在的侵害。危害计算机网络安全的因素分为自然和人为两大类。

1.自然因素

自然因素包括各种自然灾害，如水、火、雷、电、风暴、烟尘、虫害、鼠害、海啸、地震等；系统的环境和场地条件，如温度、湿度、电源、地线和其他防护设施不良所造成的威胁；电磁辐射和电磁干扰的威胁；硬件设备老化，可靠性下降的威胁。

2.人为因素

人为因素又有无意和故意之分。无意事件包括操作失误、意外损失、编程缺陷、意外丢失、管理不善、无意破坏；人为故意的破坏包括敌对势力蓄意攻击、各种计算机犯罪等。

攻击是一种故意性威胁，是对计算机网络的有目的的威胁。人为的恶意攻击是计算机网络所面临的最大威胁。

攻击可分为两大类，即被动攻击和主动攻击。这两种攻击均可对计算机网络造成极大的危害，导致机密数据的泄露，甚至造成被攻击的系统瘫痪。被动攻击是指在不影响网络正常工作的情况下，攻击者在网络上建立隐蔽通道截获、窃取他人的信息内容进行破译，以获得重要机密信息。主动攻击是以各种方式有选择地破坏信息的有效性和完整性。主动攻击主要有 3 种攻击方法，即中断、篡改和伪造；被动攻击只有一种形式，即截获。

（1）中断：当网络上的用户在通信时，破坏者可以中断他们之间的通信。

（2）篡改：当网络用户甲在向乙发送报文时，报文在转发的过程中被丙更改。

（3）伪造：网络用户丙非法获取用户乙的权限并以乙的名义与甲进行通信。

（4）截获：当网络用户甲与乙进行网络通信时，如果不采取任何保密措施，其他人就有可能偷看到他们之间的通信内容。

由于网络软件不可能百分之百无缺陷或无漏洞，这些缺陷或漏洞正好成了攻击者进行攻击的首选目标。

（二）造成网络安全威胁的成因分析

网络面临的安全威胁与网络系统的脆弱性密切相关。如果网络系统健壮，则网络面临的威胁将大大减少；反之，如果网络系统脆弱，则网络所面临的威胁将迅速增加。网络系统的脆弱性主要表现为以下几个方面：

1.操作系统的脆弱性

网络操作系统的体系结构本身就是不安全的，操作系统程序具有动态连接性；操作系统可以创建进程，这些进程可在远程节点上创建与激活，被创建的进程可以继续创建其他进程；网络操作系统为维护方便而预留的无口令入口也是黑客的通道。

2.计算机系统本身的脆弱性

硬件和软件故障；存在超级用户，如果入侵者得到了超级用户口令，则整个系统将完全受控于入侵者。

3.电磁泄漏

网络端口、传输线路和处理机都有可能因屏蔽不严或未屏蔽而造成电磁信息辐射，从而造成信息泄露。

4.数据的可访问性

数据容易被复制而不留任何痕迹；网络用户在一定的条件下，可以访问系统中的所有数据，并可将其复制、删除或破坏掉。

5.通信系统和通信协议的弱点

网络系统的通信线路面对各种威胁就显得非常脆弱，非法用户可对线路进行物理破坏、搭线窃听、通过未保护的外部线路访问系统内部信息等；TCP/IP 及 FTP、E-mail、WWW 等都存在安全漏洞，如 FTP 的匿名服务浪费系统资源，E-mail 中潜伏着电子炸弹、病毒等威胁互联网安全，WWW 中使用的通用网关接口程序 Java Applet 程序等都能成为黑客的工具，黑客可采用 Sock、TCP 预测或远程访问直接扫描等攻击防火墙。

6.数据库系统的脆弱性

由于数据库管理系统（database management system, DBMS）对数据库的管理建立在分级管理的概念上，DBMS 的安全必须与操作系统的安全配套，这无疑是一个先天的不足之处，因此 DBMS 的安全也可想而知；黑客通过探访工具可强行登录和越权使用数据库数据；而数据加密往往与 DBMS 的功能发生冲突或影响数据库的运行效率。

7.网络存储介质的脆弱

软硬盘中存储着大量的信息,这些存储介质很容易被盗窃或损坏,造成信息的丢失。

此外,网络系统的脆弱性还表现为保密的困难性、介质的剩磁效应和信息的聚生性等。

三、网络安全策略

网络安全策略是保障机构网络安全的指导文件,一般而言,网络安全策略包括总体安全策略和具体安全管理实施细则两部分。总体安全策略用于构建机构网络安全框架和战略指导方针,包括分析安全需求、分析安全威胁、定义安全目标、确定安全保护范围、分配部门责任、配备人力物力、确认违反策略的行为和相应的制裁措施。总体安全策略只是一个安全指导思想,还不能具体实施,在总体安全策略框架下针对特定应用制定的安全管理细则才规定了具体的实施方法和内容。

(一)网络安全策略总则

无论是制定总体安全策略,还是制定安全管理实施细则,都应当根据网络的安全特点遵循均衡性、时效性和最小限度原则。

1.均衡性原则

由于存在软件漏洞、协议漏洞、管理漏洞,网络威胁永远不可能消除。网络安全只是一个相对概念,因为世上没有绝对安全的系统。此外,网络易用性和网络效能与安全是一对天生的矛盾。夸大网络安全漏洞和威胁不仅会浪费大量投资,而且会降低网络易用性和网络效能,甚至有可能引入新的不稳定因素和安全隐患。忽视网络安全比夸大网络安全更加严重,有可能造成机构或国家重大经济损失,甚至威胁到国家安全。因此,网络安全策略需要在安全需求、易用性、效能和安全成本之间保持相对平衡,科学制定均衡的网络安全策略是提高投资回报和充分发挥网络效能的关键。

2.时效性原则

由于影响网络安全的因素随时间有所变化,所以网络安全问题具有显著的时效性。例如,网络用户增加、信任关系发生变化、网络规模扩大、新安全漏洞和攻击方法不断暴露都是影响网络安全的重要因素。因此,网络安全策略必须考虑环境随时间的变化。

3.最小限度原则

网络系统提供的服务越多，安全漏洞和威胁也就越多。因此，应当关闭网络安全策略中没有规定的网络服务；以最小限度原则配置满足安全策略定义的用户权限；及时删除无用账号和主机信任关系，将威胁网络安全的风险降至最低。

（二）网络安全策略内容

大多数网络都是由网络硬件、网络连接、操作系统、网络服务和数据组成的，网络管理员或安全管理员负责安全策略的实施，网络用户则应当严格按照安全策略的规定使用网络提供的服务。因此，在考虑网络整体安全问题时应主要从网络硬件、网络连接、操作系统、网络服务、数据、安全管理责任和网络用户这几个方面着手。

1.网络硬件物理管理措施

核心网络设备和服务器应设置防盗、防火、防水、防毁等物理安全设施以及温度、湿度、洁净、供电等环境安全设施，每年因雷电击毁网络设施的事例层出不穷，位于雷电活动频繁地区的网络基础设施必须配备良好的接地装置。

核心网络设备和服务器最好集中放置在中心机房，其优点是便于管理与维护，也容易保障设备的物理安全，更重要的是能够防止直接通过端口窃取重要资料。防止信息空间扩散也是规划物理安全的重要内容，除光纤之外的各种通信介质、显示器以及设备电缆接口都不同程度地存在电磁辐射现象，利用高性能电磁监测和协议分析仪有可能在几百米范围内将信息复原，对于涉及国家机密的信息必须考虑采用电磁泄漏防护技术。

2.网络连接安全

网络连接安全主要考虑网络边界的安全，如内部网与外部网、Internet 有连接需求，可使用防火墙和入侵检测技术双层安全机制来保障网络边界的安全。内部网的安全主要通过操作系统安全和数据安全策略来保障，由于网络地址转换（network address translator, NAT）技术能够对 Internet 屏蔽内部网地址，必要时也可以考虑使用 NAT 保护内部网私有的 IP 地址。

对网络安全有特殊要求的内部网最好使用物理隔离技术保障网络边界的安全。根据安全需求，可以采用固定公用主机、双主机或一机两用等不同物理隔离方案。固定公用主机与内部网无连接，专用于访问 Internet 的控制，虽然使用不够方便，但能够确保内部主机信息的保密性。双主机在一个机箱中配备了两块主板、两块网卡和两个硬盘，双主机在启动时由用户选择内部网或 Internet 连接,较好地解决了安全性与方便性的矛盾。一机两用隔离方案由用户选择接入内部网或 Internet,但不能同时接入两个网络。这虽然成本低廉、使用方便,但仍然存在泄露的可能性。

3.操作系统安全

操作系统安全应重点考虑计算机病毒和入侵攻击威胁。计算机病毒是隐藏在计算机系统中的一组程序,具有自我繁殖、相互感染、激活再生、隐藏寄生、迅速传播等特点,以降低计算机系统性能、破坏系统内部信息或破坏计算机系统运行为目的。截至目前,已发现有两万多种不同类型的计算机病毒。计算机病毒传播途径已经从移动存储介质转向 Internet,病毒在网络中以指数增长规律迅速扩散。

目前并没有特别有效的计算机病毒防治手段,主要还是通过提高病毒防范意识,严格安全管理,安装优秀防病毒、杀病毒软件来尽可能减少病毒入侵的机会。操作系统漏洞为入侵攻击提供了条件,因此经常升级操作系统、防病毒软件是提高操作系统安全性最有效、最简便的方法。

4.网络服务安全

目前,网络提供的电子邮件、文件传输、Usenet 新闻组、远程登录、域名查询、网络打印和 Web 服务都存在着大量的安全隐患,虽然用户并不直接使用域名查询服务,但域名查询通过将主机名转换成主机 IP 地址为其他网络服务奠定了基础。由于不同网络服务的安全隐患和安全措施不同,应当在分析网络服务风险的基础上,为每一种网络服务分别制定相应的安全策略细则。

5.数据安全

根据数据保密性和重要性的不同,一般将数据分为关键数据、重要数据、有用数据和普通数据,以便针对不同类型的数据采取不同的保护措施。关键数据是指直接影响网络系统正常运行或无法再次得到的数据,如操作系统数据和关键应用程序数据等;重要数据是指具有高度保密性或高使用价值的数据,如国防或国家安全部门涉及国家机密的数据,金融部门涉及用户的账目数据等;有用数据一般指网络系统经常使用但可以复制的数据;普通数据则是很少使用而且很容易得到的数据。由于任何安全措施都不可能保证网络绝对安全或不发生故障,在网络安全策略中除考虑重要数据加密之外,还必须考虑关键数据和重要数据的日常备份。

目前,数据备份使用的介质主要是磁带、硬盘和光盘。因磁带具有容量大、技术成熟、成本低廉等优点,大容量数据备份多选用磁带存储介质。随着硬盘价格不断下降,网络服务器都使用硬盘作为存储介质，目前流行的硬盘数据备份技术主要有磁盘镜像和冗余磁盘阵列（redundant arrays of independent disks, RAID）技术。磁盘镜像技术能够将数据同时写入型号和格式相同的主磁盘和辅助磁盘，RAID 是专用服务器广泛使用的磁盘容错技术。大型网络通常将光盘库、光盘阵列和光盘塔作为存储设备，但光盘特别容易划伤，导致数据读出错误，数据备份使用更多的还是磁带和硬盘存储介质。

6.安全管理责任

由于人是制定和执行网络安全策略的主体，所以在制定网络安全策略时，必须明确网络安全管理责任人。小型网络可由网络管理员兼任网络安全管理责任人，但大型网络、电子政务、电子商务、电子银行或其他要害部门的网络应配备专职网络安全管理责任人。网络安全管理采用技术与行政相结合的手段，主要针对授权、用户和资源配置，其中授权是网络安全管理的重点。

7.网络用户的安全责任

网络安全不只是网络安全管理员的事，网络用户对网络安全同样负有不可推卸的责任。网络用户应特别注意不能私自将调制解调器接入 Internet；不要下载未经安全认证的软件和插件；确保本机没有安装文件和打印机共享服务；不要使用脆弱性密码；经常更换密码等。

第二节 防火墙技术

一、防火墙的定义

可以说，计算机网络已成为企业赖以生存的命脉，企业内部通过 Internet 进行管理、运行，同时要通过 Internet 从异地取回重要数据，以及客户、销售商、移动用户、异地员工访问内部网络。可是开放的 Internet 会带来各种各样的威胁，因此企业必须加筑安全的屏障，把威胁拒之于门外，将内网保护起来。对内网保护可以采取多种方式，最常用的就是防火墙。

防火墙是目前一种最重要的网络防护设备。关于防火墙的定义，人们借助了建筑上的概念：在人们建筑和使用木质结构房屋的时候，为了使"城门失火"不致"殃及池鱼"，将坚固的石块堆砌在房屋周围作为屏障，以进一步防止火灾的发生和蔓延。这种防护构筑物被称为防火墙。在现在的信息世界里，由计算机硬件或软件系统构成防火墙来保护敏感的数据不被窃取和篡改。

防火墙是目前网络安全领域认可程度最高、应用范围最广的网络安全技术。

二、防火墙的特性和功能

在逻辑上，防火墙是一个分离器，也是一个限制器，更是一个分析器，有效地监控了内部网和 Internet 之间的任何活动，保证了内部网络的安全。典型的防火墙具有以下三个方面的基本特性：

（一）内部网络和外部网络之间的所有网络数据流都必须经过防火墙

防火墙安装在信任网络（内部网络）和非信任网络（外部网络）之间，通过防火墙可以隔离非信任网络（一般指的是因特网）与信任网络（一般指的是内部局域网）的连接，同时不会妨碍人们对非信任网络的访问。

内部网络和外部网络之间的所有网络数据流都必须经过防火墙是防火墙在网络中的位置特性，同时也是一个前提。因为只有当防火墙是内、外部网络之间通信的唯一通道时，才可以全面、有效地保护企业内部网络不受侵害。

设置防火墙的目的就是在网络连接之间建立一个安全控制点，通过允许、拒绝或重新定向经过防火墙的数据流，实现对进、出内部网络的服务和访问的审计和控制。

（二）只有符合安全策略的数据流才能通过防火墙

防火墙最基本的功能是根据企业的安全策略控制（允许、拒绝、监测）出入网络的信息流，确保网络流量的合法性，并在此前提下，将网络流量快速地从一条链路转发到另外的链路上。

（三）防火墙自身具有非常强的抗攻击能力

防火墙自身具有非常强的抗攻击能力，是担当企业内部网络安全防护重任的先决条件。防火墙处于网络边缘，就像一个边界卫士一样，每时每刻都要面对黑客的入侵，这样就要求防火墙自身具有非常强的抗击入侵本领。

简单而言，防火墙是位于一个或多个安全的内部网络和外部网络之间进行网络访问控制的网络设备。防火墙的目的是防止不期望的或未授权的用户和主机访问内部网络，确保内部网正常、安全地运行。通俗来说，防火墙决定了哪些内部服务可以被外界访问，以及哪些外部服务可以被内部人员访问。防火墙必须只允许授权的数据通过，而且防火墙本身也必须能够免于渗透。

防火墙除具备上述三个基本特性外，一般来说，还具有以下几种功能：针对用户制定各种访问控制策略、对网络存取和访问进行监控审计、支持 VPN 功能、支持网络地址转换、支持身份认证等。

三、防火墙的局限性

防火墙的局限性包括以下几个方面：①防火墙不能防范不经过防火墙的攻击。防火墙无法检查没有经过防火墙的数据，如个别内部网络用户绕过防火墙拨号访问等。②防火墙不能解决来自内部网络的攻击和安全问题。③防火墙不能防止策略配置不当或错误配置引起的安全威胁。防火墙是一个被动的安全策略执行设备，就像门卫一样，要根据政策规定来执行安全，而不能自作主张。④防火墙不能防止利用标准网络协议中的缺陷进行的攻击。一旦防火墙准许某些标准网络协议，就不能防止利用该协议中的缺陷进行的攻击。⑤防火墙不能防止利用服务器系统漏洞所进行的攻击。黑客通过防火墙准许的访问端口，对该服务器的漏洞进行攻击，防火墙不能防止。⑥防火墙不能防止受病毒感染的文件的传输。防火墙本身并不具备查杀病毒的功能。⑦防火墙不能防止可接触的人为或自然的破坏。防火墙是一个安全设备，但防火墙本身必须存在于一个安全的地方。

四、防火墙的分类

（一）常见的防火墙分类

1.软件防火墙和硬件防火墙

软件防火墙运行于特定的计算机上，需要客户预先安装好计算机操作系统。一般来说，这台计算机就是整个网络的网关。软件防火墙像其他软件产品一样，需要先在计算机上安装并做好配置才可以使用。防火墙厂商中做网络版软件防火墙最出名的莫过于Check Point。使用这类防火墙，需要网络管理员对所工作的操作系统平台比较熟悉。

硬件防火墙一般是通过网线连接外部网络接口与内部服务器或企业网络之间的设备。这里又另外划分出两种结构，一种是普通硬件级防火墙，另一种是"芯片"级硬件防火墙。

普通硬件级防火墙大多基于PC架构，也就是说，与普通的家庭使用的PC没有太大区别。在这些PC架构计算机上运行一些经过裁剪和简化的操作系统，最常用的有老版本的UNIX、Linux和FreeBSD系统。这种防火墙措施相当于专门使用一台计算机安装软件防火墙，除不需要处理其他事务以外，还是一般的操作系统。此类防火墙采用的依然是其他厂商的内核，因此依然会受到操作系统本身安全性的影响。

"芯片"级硬件防火墙基于专门的硬件平台，使用专用的操作系统。因此，防火墙本身的漏洞比较少，在上面搭建的软件也是专门开发的，专有的ASIC芯片使其比其他种类的防火墙速度更快，处理能力更强，性能更高。这类防火墙最出名的厂商有Net Screen、FortiNet、Cisco等。

2.单机防火墙和网络防火墙

单机防火墙通常采用软件方式，将软件安装在各个单独的计算机上，通过对单机的访问控制进行配置来达到保护某单机的目的。该类防火墙功能单一，利用网络协议，按照通信协议来维护主机，对主机的访问进行控制和防护。

网络防火墙采用软件方式或者硬件方式，通常安装在内部网络和外部网络之间，用来维护整个系统的网络安全。管理该类型防火墙的通常是公司的网络管理员。这部分人员相对技术水平比较高，对网络、网络安全及公司整体安全策略的认识都比较高。对网络防火墙进行配置能够使整个系统运行在一个相对较高的安全层次，同时也能够使防火墙功能得到充分发挥。

（二）按防火墙技术分类

1.包过滤防火墙

第一代防火墙技术几乎与路由器同时出现，采用了包过滤技术。由于多数路由器本身就包含分组过滤功能，所以网络访问控制可通过路由控制来实现，从而使具有分组过滤功能的路由器成为第一代防火墙产品。

2.代理防火墙

第二代防火墙工作在应用层，能够根据具体的应用对数据进行过滤或者转发，也就是人们常说的代理服务器、应用网关。这样的防火墙彻底隔断了内部网络与外部网络的直接通信。内部网络用户对外部网络的访问变成防火墙对外部网络的访问，然后由防火墙把访问的结果转发给内部网络用户。

3.状态检测防火墙

南加利福尼亚大学信息科学院的布雷登（Bob Braden）开发出了基于动态包过滤技术的防火墙，也就是目前所说的状态检测技术。以色列的 Check Point 公司开发出了第一个采用这种技术的商业化产品。根据 TCP，每个可靠连接的建立需要经过三次握手。状态检测防火墙就是基于这种连接过程，根据数据包状态变化来决定访问控制的策略。

4.复合型防火墙

美国网络联盟公司推出了一种自适应代理技术，并在其复合型防火墙产品 Gauntlet Firewall for NT 中得以实现。复合型防火墙结合了代理防火墙的安全性和包过滤防火墙的高速度等优点，实现第 3 层至第 7 层自适应的数据过滤。

5.下一代防火墙

随着网络应用的高速增长和移动业务应用的爆发式出现，发生在应用层的网络安全事件越来越多，过去简单的网络攻击也完全转变成混合攻击，单一的安全防护措施已经无法有效解决企业面临的网络安全挑战。随着网络带宽的提升，网络流量的剧增，人们需要在大流量中进行应用层的精确识别，因而对防火墙的性能要求也越来越高。下一代防火墙（next generation firewall, NG Firewall）就是在这种背景下出现的。为应对当前与未来新一代的网络安全威胁，著名咨询机构 Gartner 认为防火墙必须具备一些新的功能，例如基于用户防护和面向应用安全等功能。通过深入洞察网络流量中的用户、应用和内容，并借助全新的高性能并行处理引擎，防火墙在性能上有了很大的提升。一些企业把具有多种功能的防火墙称为"下一代防火墙"，现在许多企业的防火墙都称为"下一代防火墙"。

（三）按防火墙 CPU 架构分类

按照 CPU 架构分类，防火墙可以分为通用 CPU 架构、专用集成电路（application specific integrated circuit, ASIC）架构、网络处理器（network processor, NP）架构、多核架构防火墙。

1.Intelx86（通用 CPU）架构防火墙

通用 CPU 架构目前在国内的信息安全市场上是最常见的，其多数是基于 Intelx86 系列架构的产品，又被称为工控机防火墙。在百兆防火墙中，Intelx86 架构的硬件具有高灵活性、扩展性开发、设计门槛低、技术成熟等优点。

由于采用了 PCI 总线接口，Intelx86 架构的硬件虽然理论上能达到 2 Gbit/s 的吞吐量，但是它并非为了网络数据传输而设计，对数据包的转发性能相对较弱，在实际应用中，尤其是在小包情况下，远远达不到标称性能。

2.ASIC 架构防火墙

ASIC 技术是国外高端网络设备几年前广泛采用的技术。采用 ASIC 技术可以为防火墙应用设计专门的数据包处理流水线，优化存储器等资源的利用。基于硬件的转发模式、多总线技术、数据层面与控制层面分离等技术，ASIC 架构防火墙解决了带宽容量和性能不足的问题，稳定性也得到了很好的保证。

ASIC 技术开发成本高，开发周期长，并且难度大。ASIC 技术的性能优势主要体现在网络层转发上，对于需要强大计算能力的应用层数据的处理则不占优势。由于不可对 ASIC 编程，所以根本无法添加新的功能，而且面对频繁变异的应用安全问题，其灵活性和扩展性也难以满足要求。

3.NP 架构防火墙

NP 是专门为处理数据包而设计的可编程处理器，其特点是内含了多个数据处理引擎。这些引擎可以并发进行数据处理工作，在处理 2～4 层的分组数据上比通用处理器具有明显的优势，能够直接完成网络数据处理的一般性任务。硬件体系结构大多采用高速的接口技术和总线规范，具有较高的 I/O 能力，包处理能力得到了很大提升。

NP 具有完全的可编程性、简单的编程模式、开放的编程接口及第三方支持能力，一旦有新的技术或者需求出现，资深设计师可以很方便地通过微码编程实现。这些特性使基于 NP 架构的防火墙与传统防火墙相比，在性能上得到了很大的提高。NP 防火墙和 ASIC 防火墙实现原理相似，但其升级和维护优于 ASIC 防火墙。若从性能和编程灵活性同时考虑，多核架构防火墙会胜出。

4.多核架构防火墙

多核处理器在同一个硅晶片上集成了多个独立物理核心。所谓核心，就是指处理器内部负责计算、接受/存储命令、处理数据的执行中心，可以理解成一个单核 CPU，每个核心都具有独立的逻辑结构，包括缓存、执行单元、指令级单元和总线接口等逻辑单元，通过高速总线、内存共享进行通信。多核处理器编程开发周期短，数据转发能力强。目前，国内外大多数厂家都采用多核处理器。

五、防火墙的体系结构

防火墙的体系结构有很多种，在设计过程中应该根据实际情况进行考虑。下面介绍几种主要的防火墙体系结构。

（一）双宿主主机体系结构

首先介绍堡垒主机。堡垒主机是一种配置了安全防范措施的网络上的计算机，其为网络之间的通信提供了一个阻塞点。如果没有堡垒主机，那么网络之间将不能相互访问。

双宿主主机位于内部网和因特网之间，一般来说，是用一台装有两块网卡的堡垒主机做防火墙。这两块网卡各自与受保护网和外部网相连，分别属于内外两个不同的网段。

堡垒主机上运行着防火墙软件，可以转发应用程序、提供服务等。双宿主主机网关中堡垒主机的系统软件虽然可用于维护系统日志，但弱点也比较突出。一旦黑客侵入堡垒主机，并使其只具有路由功能，任何网上用户均可以随便访问内部网。双宿主主机这种体系结构非常简单，一般通过代理来实现，或者通过用户直接登录到该主机来提供服务。

（二）屏蔽主机体系结构

屏蔽主机防火墙易于实现，由一个堡垒主机屏蔽路由器组成，堡垒主机被安排在内部局域网中，同时在内部网和外部网之间配备了屏蔽路由器。在这种体系结构中，通常在路由器上设立过滤规则，外部网络必须通过堡垒主机才能访问内部网络中的资源，并使这个堡垒主机成为从外部网络唯一可直接到达的主机；对内部网的基本控制策略由安装在堡垒主机上的软件决定，这确保了内部网络不受未被授权的外部用户的攻击。

内部网络中的计算机则可以通过堡垒主机或者屏蔽路由器访问外部网络中的某些资源，即在屏蔽路由器上应设置数据包过滤原则。

（三）屏蔽子网体系结构

在实际的运用中，某些主机需要对外提供服务。为了更好地提供服务，同时又要有效地保护内部网络的安全，应将这些需要对外开放的主机与内部的众多网络设备分隔开来，根据不同的需要，有针对性地采取相应的隔离措施。这样便能在对外提供友好的服务的同时，最大限度地保护内部网络。针对不同资源提供不同安全级别的保护，这样就构建了一个 DMZ（demilitarized zone），中文名称为"隔离区"或者"非军事化区"。在这种体系结构中，可以看到防火墙连接一个 DMZ。

规划一个拥有 DMZ 的网络时，需要明确各个网络之间的访问关系，确定 DMZ 网络中以下访问控制策略：①内部网络可以访问外部网络，在这一策略中，防火墙需要进行源地址转换，以达到隐蔽真实地址、控制访问的功能；②内部网络可以访问 DMZ，方便用户使用和管理 DMZ 中的服务器；③外部网络不能访问内部网络；④外部网络可以访问 DMZ 中的服务器，同时需要由防火墙完成对外地址到服务器实际地址的转换；⑤DMZ 不能访问内部网络；⑥DMZ 不能访问外部网络，此条策略也有例外，例如在 DMZ 中放置邮件服务器时，就需要访问外部网络，否则将不能正常工作。

六、防火墙实现技术原理

（一）包过滤防火墙

1.包过滤防火墙的原理

包过滤防火墙是一种通用、廉价、有效的安全手段。包过滤防火墙不针对各个具体的网络服务采取特殊的处理方式，而大多数路由器都提供分组过滤功能，同时能够很大限度地满足企业的安全要求。

包过滤防火墙在网络层实现数据的转发。包过滤模块一般检查网络层、传输层内容，包括：①源、目的 IP 地址；②源、目的端口号；③协议类型；④TCP 数据报文的标志位。

通过检查模块，防火墙拦截和检查所有进站和出站的数据。

防火墙检查模块首先验证这个包是否符合规则。无论是否符合过滤规则，防火墙一般都要记录数据包的情况，对不符合规则的数据包要进行报警或通知管理员。对丢弃的数据包，防火墙可以给发送方一个消息，也可以不发。如果返回一个消息，则攻击者可能会根据拒绝包的类型猜测出过滤规则的大致情况，所以是否返回消息要慎重。

2.包过滤防火墙的特点

包过滤防火墙的优点包括：①利用路由器本身的包过滤功能，以访问控制列表（access control list, ACL）方式实现；②处理速度较快；③对安全要求低的网络采用路由器附带防火墙功能的方法，不需要其他设备；④对用户来说是透明的，用户的应用层不受影响。

包过滤防火墙的缺点包括：①无法阻止"IP 欺骗"，黑客可以在网络上伪造假的 IP 地址、路由信息欺骗防火墙；②对路由器中过滤规则的设置和配置十分复杂，涉及规则的逻辑一致性、作用端口的有效性和规则库的正确性，一般的网络系统管理员难以胜任；③不支持应用层协议，无法发现基于应用层的攻击，访问控制粒度粗；④实施的是静态的、固定的控制，不能跟踪 TCP 状态，例如配置了仅允许从内到外的 TCP 访问时，一些以 TCP 应答包的形式从外部对内部网络进行的攻击仍可以穿透防火墙；⑤不支持用户认证，只判断数据包来自哪台机器，不能判断来自哪个用户。

3.设计访问控制列表的注意点

包过滤防火墙基本以路由器的访问控制列表方式实现，设计访问控制列表时应注意：①自上而下的处理过程，一般的访问控制列表的检测按照自上而下的过程处理，所以必须注意访问控制列表中语句的顺序；②语句的位置，应该将更为具体的项放在不太具体的项的前面，保证不会否定后面语句的作用；③访问控制列表的位置，将扩展的访问控制列表尽量靠近过滤源的位置，过滤规则不会影响其他接口上的数据流；④注意访问控制列表作用的接口及数据的流向；⑤注意路由器默认设置，从而注意最后一条语句的设置，有的路由器默认设置是"允许"，有的是默认"拒绝"，后者比前者更安全、更简便。

4.包过滤防火墙的应用

包过滤防火墙还可以根据 TCP 中的标志位进行判断，例如，Cisco 路由器的扩展 ACL 就支持 established 关键字。

包过滤防火墙很难预防反弹端口木马。例如，黑客在内部网络安装了控制端的端口是 80 的反弹端口木马，在这种情况下，攻击者仍然能够穿透防火墙，控制木马，对内部网络构成威胁。

（二）代理防火墙

1.代理防火墙的产生背景

某单位如果允许访问外部网络的所有 Web 服务器，但是不允许访问 www.sina.com 站点，那么使用包过滤防火墙阻止目标 IP 地址就是 sina 服务器的数据包。但是，如果 www.sina.com 站点某些服务器的 IP 地址改变了，该怎么办呢？

包过滤技术无法提供完善的数据保护措施，无法解决上述问题，而且一些特殊的报文攻击仅仅使用包过滤的方法并不能消除危害，因此需要一种更全面的防火墙保护技术，在这样的需求背景下，采用"应用代理"（application proxy）技术的防火墙便应运而生。

2.代理防火墙的特点

由于代理防火墙采取代理机制进行工作，内、外部网络之间的通信都需要先经过代理服务器审核，通过后再由代理服务器连接，根本没有给分隔在内、外部网络两边的计算机直接会话的机会，所以可以避免入侵者使用"数据驱动"攻击方式（一种能通过包过滤防火墙规则的数据报文，但是当其进入计算机处理后，却变成能够修改系统设置和用户数据的恶意代码）渗透内部网络。

3.代理服务器的分类

前面讲了代理防火墙就是一台小型的带有数据检测、过滤功能的透明"代理服务器"，有时大家把代理防火墙也称为代理服务器。下面从代理服务器"代理"的内容来看代理防火墙的检测、过滤内容。代理服务器工作在应用层，针对不同的应用协议，需要建立不同的服务代理。按用途分类，代理服务器可分为以下几类：

（1）HTTP 代理。代理客户机的 HTTP 访问，主要代理浏览器访问网页，端口一般为 80、8080、3128 等。

（2）FTP 代理。代理客户机上的 FTP 软件访问 FTP 服务器，端口一般为 21、2121。

（3）POP3 代理。代理客户机上的邮件软件用 POP3 方式收邮件，端口一般为 110。

（4）Telnet 代理。能够代理通信机的 Telnet，用于远程控制，入侵时经常使用，端口一般为 23。

（5）SSL 代理。支持最高 128 位加密强度的 HTTP 代理，可以作为访问加密网站的代理。加密网站是指以 "https://" 开始的网站。SSL 的标准端口为 443。

（6）HTTPCONNECT 代理。允许用户建立 TCP 连接到任何端口的代理服务器，这种代理不仅可用于 HTTP，还包括 FTP、IRC、RM 流服务等。

（7）Socks 代理。全能代理，支持多种协议，包括 HTTP、FTP 请求及其他类型的请求，标准端口为 1080。

（8）TUNNEL 代理。经 HTTP Tunnet 程序转换的数据包封装成 HTTP 请求（Request）来穿透防火墙，允许利用 HTTP 服务器做任何 TCP 可以做的事情，功能相当于 Socks5。

除了上述常用的代理，还有各种各样的应用代理，如文献代理、教育网代理、跳板代理、Ssso 代理、Flat 代理、SoftE 代理等。

4.Socks 代理

如果有一个通用的代理可以适用于多个协议，那就方便多了，这就是 Socks 代理。

首先介绍一下套接字（socket）。应用层通过传输层进行数据通信时，TCP 和 UDP 会遇到同时为多个应用程序进程提供并发服务的问题。多个 TCP 连接或多个应用程序进程可能需要通过同一个 TCP 协议端口传输数据。区分不同应用程序进程间的网络通信和连接，主要有三个参数，分别为通信的目的 IP 地址、使用的传输层协议（TCP 或 UDP）和使用的端口号。这三个参数称为套接字。基于"套接字"概念可开发许多函数。

这类函数也称为 Socks 库函数。

Socks 是一种网络代理协议,在 1990 年被开发后就一直作为 Internet RFC 标准的开放标准。Socks 协议执行最具代表性的就是在 Socks 库中利用适当的封装程序对基于 TCP 的客户程序进行重封装和重连接。

Socks 代理与一般的应用层代理服务器是完全不同的。Socks 代理工作在应用层和传输层之间,旨在提供一种广义的代理服务,不关心是何种应用协议(如 FTP、HTTP 和 SMTP 请求),也不要求应用程序使用特定的操作系统平台,不管再出现什么新的应用,都能提供代理服务。因此,Socks 代理比其他应用层代理要快得多。Socks 代理通常绑定在代理服务器的 1080 端口上。Socks 代理的工作过程是:当受保护网络客户机需要与外部网络交互信息时,首先和 Socks 防火墙上的 Socks 服务器建立一个 Socks 通道,在建立 Socks 通道的过程中可能有一个用户认证的过程,然后将请求通过这个通道发送给 Socks 服务器。Socks 服务器在收到客户请求后,检查客户的 User ID、IP 源地址和 IP 目的地址。经过确认后,Socks 服务器才向客户请求的 Internet 主机发出请求。得到相应数据后,Socks 服务器再通过原先建立的 Socks 通道将数据返回给客户。受保护网络用户访问外部网络所使用的 IP 地址都是 Socks 防火墙的 IP 地址。

(三)状态检测防火墙

状态检测防火墙技术是在基于"包过滤"原理的"动态包过滤"技术基础上发展而来的。这种防火墙技术通过一种被称为"状态监视"的模块,在不影响网络安全正常工作的前提下,采用抽取相关数据的方法,对网络通信的各个层次实行监测,并根据各种过滤规则做出安全决策。

状态检测防火墙仍然在网络层实现数据的转发,过滤模块仍然检查网络层、传输层内容,为了克服包过滤模式明显的安全性不足的问题,不再只是分别对每个进出的包孤立地进行检查,而是从 TCP 连接的建立到终止都跟踪检测,把一个会话作为整体来检查,并且根据需要,可动态地增加或减少过滤规则。"会话过滤"功能是在每个连接建立时,防火墙为这个连接构造一个会话状态,里面包含了这个连接数据包的所有信息,以后连接都是基于这个状态信息进行的。这种检测的高明之处是,能够对每个数据包的状态进行监视,一旦建立了一个会话状态,则此后的数据传输都要以此会话状态作为依据。

状态检测防火墙实现了基于 UDP 应用的安全,通过在 UDP 通信之上保持一个虚拟连接来实现。防火墙保存通过网关的每一个连接的状态信息,允许穿过防火墙的 UDP 请求包被记录。当 UDP 包在相反方向上通过时,依据连接状态表确定该 UDP 包是否被授权。若已被授权,则通过,否则拒绝。若在指定的一段时间内响应数据包没有到达,连接超时,则该连接被阻塞。这样所有的攻击都被阻塞。状态检测防火墙可以控制无效连接的连接时间,避免大量的无效连接占用过多的网络资源,可以很好地降低 DoS 和 DDoS 攻击的风险。

(四)复合型防火墙

复合型防火墙采用的是自适应代理技术。自适应代理技术的基本要素有两个:自适应代理服务器与状态检测包过滤器。初始的安全检查仍然发生在应用层,一旦安全通道建立后,随后的数据包就可以重新定向到网络层。在安全性方面,复合型防火墙与标准代理防火墙是完全一样的,同时还提高了处理速度。自适应代理技术可根据用户定义的安全规则,动态"适应"传送中的数据流量。

(五)下一代防火墙

不断增长的带宽需求和新应用正在改变协议的使用方式和数据的传输方式。必须更新网络防火墙,才能够更主动地阻止新威胁。因此,下一代防火墙应运而生。

下一代防火墙除拥有前述防火墙的所有防护功能外,借助全新的高性能单路径异构并行处理引擎,在互联网出口、数据中心边界、应用服务前端等场景提供高效的应用层一体化安全防护,还可以识别网络流量中的应用和用户信息,实现用户和应用级别的访问控制;能够识别不同应用所包含的内容信息中的威胁和风险,防御应用层威胁;可识别和控制移动应用,防止使用个人设备办公(bring your own device, BYOD)带来的风险,并能通过主动防御技术识别未知威胁。

基于应用的深度入侵防御采用多种威胁检测机制,防止如缓冲区溢出攻击、利用漏洞的攻击、协议异常、蠕虫、木马、后门、DoS/DDoS 攻击探测、扫描、间谍软件及 IPS 逃逸攻击等各类已知、未知攻击,全面增强应用安全防护能力。

第三节 入侵检测技术

一、入侵行为的分类

（一）入侵模拟

现有的网络攻击工具纷繁复杂、种类繁多，而且配置和使用方法也不尽相同。为了提高黑客监控系统的研究效率和质量，简化测试环境，提高数据质量和可控制性，通常采用网络攻击工具集成平台 ATK，该平台可以有效模拟各种主流网络攻击方法，并且可以对各种参数进行控制，以便为整个黑客监控系统的开发和测试提供攻击数据源。同时，为了对防火墙、入侵检测系统等网络安全设施的开发和使用提供有效的测试和指导，根据入侵提取的特征和入侵规律，也可以采用网络攻击工具的集成平台 ATK。在对现有网络安全产品进行评估、检验和分析的时候，我们不能被动地等待黑客入侵，而应该对典型的攻击方式进行有效的模拟，为系统提供稳定的攻击数据源，以便为防御和检测系统的分析提供依据。同时，在网络安全组件的设计、构建和测试过程中，常常需要使用一些用例。这些用例可以指导系统的设计，同时也可以为测试营造良好的环境。

（二）模式匹配

模式匹配就是将收集到的信息与已知的网络入侵和系统误用模式数据库进行比较，从而发现违背安全策略的行为。一般来讲，一种进攻模式可以用一个过程（如执行一条指令）或一个输出（如获得权限）来表示。无论是哪一种入侵检测方法，模式匹配都是必需的。模式匹配器将系统提取到的入侵特征与入侵模式库中的正常模式或者异常模式进行比较，对提取到的行为进行判断。该方法的一大优点是只需收集相关的数据集合，可以减轻系统负担，而且技术已相当成熟，检测准确率和效率都相当高。该方法的缺点是需要不断地升级，以对付不断出现的黑客攻击手法，不能检测到从未出现过的黑客攻击手段。

在传统的入侵检测方法中，入侵行为分析是指在信息收集之后所进行的信号分析的过程。信号分析主要分为模式匹配、统计分析和完整性分析。Snort 是采用模式匹配算法进行入侵特征提取的最经典的例子，从 Snort 系统运行的流程来看，其检测方法相对来说是比较简单的，Snort 的检测规则是以一种二维链表的方式进行组织的，Snort 的规则库采用文本方式进行存储，可读性和可修改性都较好，缺点是不能作为直接的数据结构给检测引擎进行调用，因此每次启动时都需要对规则库文件进行解析，以生成可供检测程序高效检索的数据结构。

实际上，入侵检测最终都是由模式匹配来完成的。之所以传统的模式匹配方法并不包括真正的入侵分析，是因为在这种入侵检测中，模式匹配的模式是由人来定义的，无论是形式还是内容，模式匹配仅仅是入侵分析的一部分，也就是检测部分。模式匹配的目的就是找到入侵。

（三）入侵分析

入侵分析的主要目的不是找到入侵，而是定义什么是入侵，或者定义什么不是入侵。入侵分析就是应用各种方法来生成具有这些数据结构的数据的过程，或者生成其他描述正常行为的数据。也就是说，入侵分析的输出就是模式匹配中所要使用的模式，而整个入侵行为分析包含了模式建立和模式匹配两个过程。从广义上来说，入侵行为分析分为对入侵（产生破坏）的分析以及对攻击（尚未产生破坏）的分析。入侵分析的结果是模式，即攻击特征库中的特征模式。攻击分析则是利用这些特征进行模式匹配，发现攻击行为。

1.神经网络方法

为了构建具有学习能力和适应能力的入侵检测系统，人们开始在入侵检测领域引入各种智能方法。神经网络具有自适应、自组织和自学习的能力，可以处理一些环境知识十分复杂、背景知识尚不清楚的问题，同时允许样本有较大的缺失和畸变。在使用统计处理方法很难达到高效准确的检测要求时，可以构造智能化的基于神经网络的入侵检测器，也就是一个简单的神经网络模型。基于神经网络的入侵检测一般是作为异常检测方法来使用的。基于神经网络的入侵检测的优点有：具有学习和识别未曾见过的入侵的能力；能够很好地处理噪声和不完全数据；以非线性的方式进行分析，处理速度快且适应性好。但是，网络安全问题是一个相当复杂的问题，用简单的模型处理，会发生一些意想不到的问题，最典型的就是误报和漏报。

2.数据挖掘方法

数据挖掘是一个利用各种分析工具在海量数据中发现模型和数据之间关系的过程，这些模型和关系可以用来做预测。数据挖掘是一种决策支持过程，它主要基于人工智能、机器学习和统计分析等技术，能够高度自动化地分析原有数据，作出归纳性的推理，进而从中挖掘出潜在的模式，预测用户的行为。数据挖掘就是指从数据中发现肉眼难以发现的固定模式或异常现象，遵循基本的归纳过程，它将数据进行整理分析，并从大量数据中提取出有意义的信息和知识。基于数据挖掘的入侵检测系统主要由数据收集、数据挖掘、模式匹配以及决策四个模块组成。数据收集模块从数据源提取原始数据，将经过预处理后得到的审计数据提交给数据挖掘模块。数据挖掘模块对审计数据进行整理、分析，找到可用于入侵检测的模式与知识，然后提交给模式匹配模块进行入侵分析，作出最终判断，最后由决策模块给出应对措施。基于数据挖掘的入侵检测系统主要有以下几点优势：智能性好，自动化程度高，检测效率高，自适应能力强，以及误报率低。

3.基于入侵树的方法

在基于入侵树的方法中，如果没有发现对系统的确切入侵结果，就不会对相应的行为进行分析，而只是进行简单记录。细小的数据结构要构成完整的入侵树，必须满足很多条件。这里将每一个网络数据包和每一条操作系统审计记录都看成一个最小的数据结构。这些数据结构及其组合中隐含了很多需要的相关信息。但是，要记录所有的信息并加以分析，会给入侵检测系统带来相当大的压力。前提是，它们之间必须是关联的。所谓关联，是指在各个不同的信息条目之间的相关性达到了一定的程度。以 IP 数据包为例，它有以下几个基本的属性：源地址、目的地址、接收时间、各标志位的值等。那么，源地址和目标地址相同的一系列数据包之间很有可能是相关联的，如大范围的端口扫描行为；源地址不同，但目标地址相同且时间上非常接近的大量数据包也很可能是相关联的，如拒绝服务攻击等。从入侵者的角度来看待这个问题，在确定了入侵目标并获取了一些基本信息（如 IP 地址）之后，入侵者首先要对目标主机或网络进行扫描。扫描的主要目的是确定目标主机的操作系统类型以及运用了哪些服务信息。

二、入侵检测及其系统

近年来，计算机网络的高速发展和应用，使网络安全的重要性也日益增加。如何识别和发现入侵行为或意图，并及时给予用户通知，以采取有效的防护措施，从而保证系统或网络安全，是入侵检测系统的主要任务。

（一）入侵检测及其系统的概念

入侵检测，顾名思义是指对入侵行为的发现。入侵检测技术是通过从计算机网络或计算机系统中的若干关键点收集信息并对其进行分析，从中发现网络或系统中是否有违反安全策略的行为和遭到袭击的迹象的一种安全技术。入侵检测系统则是指一套监控和识别计算机系统或网络系统中发生的事件，根据规则进行入侵检测和响应的软件系统或软件与硬件组合的系统。

（二）入侵检测系统的分类

自从入侵检测技术开始应用之后，入侵检测系统便被应用在各个领域，主要是用来对网络进行监测。根据不同的分类标准，可以把入侵检测系统分成不同类别。

1.根据检测对象来分

检测对象，即要检测的数据来源，根据入侵检测系统所要检测的对象不同，可将其分为基于主机的入侵检测系统和基于网络的入侵检测系统。基于主机的入侵检测系统，即 Host-based IDS，行业上称之为 HIDS，系统获取数据的来源是主机，它主要是从系统日志、应用程序日志等渠道来获取数据，并进行分析以判断是否有入侵行为，进而保护系统主机的安全。基于网络的入侵检测系统，即 Network-based IDS，行业上称之为 NIDS，系统获取数据的来源是网络数据包，它主要是用来监测整个网络中所传输的数据包并进行检测与分析，同时加以识别，若发现有可疑情况即入侵行为就会立即报警，来保护网络中正在运行的各台计算机。

2.根据系统工作方式来分

根据系统的工作方式来分，可以将入侵检测系统分为在线入侵检测系统和离线入侵检测系统两种。在线入侵检测简写为 IPS，一旦发现有入侵的可能就会立即采取措施，把入侵者与主机的连接断开，并收集证据和实施数据恢复。这个在线入侵检测的过程是在不停歇地循环进行着的。离线入侵检测，判断用户是否具有入侵行为是依据计算机系统对用户操作所做的历史审计记录，如果发现有入侵就断开连接，并即时将入侵证据进行记录，同时进行数据恢复。

3.根据每个模块运行的分布方式来分

这种分类标准是按照系统的每一个模块运行分布方式的不同来进行划分的，可以把入侵检测系统分为集中式入侵检测系统和分布式入侵检测系统。集中式入侵检测系统比较单一，效率较高，它是在一台主机上进行所有操作，如数据的捕获、数据的分析、系统的响应等均在一台主机上进行。分布式入侵检测系统比较复杂，在该系统中，网络范围和数据流量较大，在布置入侵检测系统时会考虑到在不同的层次、不同的区域、多个点上进行布置，这样就能更加全方位地保证网络安全。

（三）入侵检测系统的现状

现如今，国外的一些研究机构对入侵检测的相关研究水平较高，普渡大学、加州大学的戴维斯分校等在此领域的研究处于国际领先水平。国外的一些知名厂商如 Cisco 等对此的研究也很深入。对于入侵检测系统的研究，国内的起步相比于国外要晚一些，但发展很快，特别是在近些年来发展尤为突飞猛进，许多国内厂商转战到入侵检测领域上来，而且纷纷推出了自己的网络安全产品，可以说，入侵检测系统已进入发展成长的迅猛期。入侵检测系统虽然有了 20 多年的发展，同时也取得了一定的进展，研究出现了百余种不同的检测技术和方法，但是还存在着很多问题，特别是在入侵检测技术方面。目前市场上的入侵检测产品大多存在以下几个问题：

（1）准确性有待提高。当前入侵检测系统采用的检测技术，如协议分析、模式匹配等，存在着这样或那样的缺陷。此外，由于各种攻击方法不断更新，所以入侵检测系统的误报率和漏报率较高，入侵检测的准确性有待进一步提高。

（2）响应能力需要提高。一旦检测系统发现有入侵行为，就需要及时作出响应，但由于目前入侵检测系统的功能主要是在入侵行为的检测方面，虽然检测到入侵，但往往不会主动对攻击者采取措施，所以攻击者便有机可乘。因此，需要提高入侵检测系统的响应能力，变被动为主动。

（3）体系结构需要完善。在体系结构上，许多入侵检测系统还不是很完善，架构单一，对大规模网络的检测效果不好，存在着很多问题，因此要在确保安全的基础上实现相应的功能扩展，以满足多元化及开放化的需求。

（4）性能要提高。随着网络的高速发展以及交换技术的更新，现有的入侵检测系统已明显力不从心，在大范围及高流量的网络中经常出现丢包现象，甚至导致瘫痪。因此，新的检测方法、新的检测模型以及新的入侵检测技术的研究与探索刻不容缓。

除此之外，入侵检测系统要充分满足用户需求，还要随时追踪系统环境的改变，有较强的适应性；系统即便出现崩溃，也要确保可以进行保留，有较强的容错能力；能保护自身的系统安全，不易被欺骗，安全性能高。入侵检测系统本身也在不断地发展，期待其能实现历史性的突破。

三、入侵检测安全解决方案

单一的安全保护往往效果不理想，最佳途径就是采用多种安全防护措施对信息系统进行全方位的保护，并结合不同的安全保护因素。例如，通过防病毒软件、防火墙和安全漏洞检测工具来创建一个比单一防护有效得多的综合保护屏障。分层的安全防护成倍地增加了黑客攻击的成本和难度，从而能大大减少他们对该网络的攻击。

（一）入侵检测系统

作为分层安全中普遍采用的措施，入侵检测系统将有效地提升黑客进入网络系统的门槛。入侵检测系统能够通过向管理员发出入侵企图来加强当前的存取控制系统；识别防火墙通常不能识别的攻击，如来自企业内部的攻击；在发现入侵企图之后提供必要的信息，帮助系统的移植。

总体上讲，入侵检测系统可以帮助企业避免内部、远程乃至非授权用户所进行的网络探测、系统误用及其他恶意行为。作为一套战略工具，它还可以帮助安全管理员制定杜绝未来攻击的可靠应对措施。基于主机的入侵检测系统与基于网络的入侵检测系统并行可以做到优势互补，基于网络的部分提供早期警告，而基于主机的部分可提供攻击成功与否的情况分析与确认。

（二）风险管理系统

在整个企业网络系统风险评估过程中，包括基于主机的风险管理系统在内的安全漏洞扫描工具只限于在单一位置自动进行并整合安全策略的规划、管理及控制工作，其对整个网络系统内的风险评估，尤其是对基于不同网络协议的网络风险评估不能面面俱到。风险管理系统是一个漏洞和风险评估工具，用于发现、发掘和报告网络安全漏洞。

风险管理系统不仅能够检测和报告漏洞，而且可以证明漏洞发生在什么地方以及发生的原因，在系统之间分享信息并继续探测各种漏洞，直到发现所有的安全漏洞，同时可以通过发掘漏洞来提供更高的可信度以确保被检测出的漏洞是真正的漏洞。这就使得风险分析更加精确并确保管理员可以把风险程度最高的漏洞放在优先考虑的位置。在风险管理解决方案方面，风险管理系统是一种基于主机的安全漏洞扫描和风险评估工具，它通过简化整个安全策略的设置过程，可最大限度地检测出系统内部的安全漏洞，使管理人员能够迅速对其网络安全基础架构中的潜在漏洞进行评估并采取措施。例如，风险管理系统 Net Recon 可根据整体网络视图进行风险评估，同时可在那些常见安全漏洞被入侵者利用且实施攻击之前进行漏洞识别，从而保护网络和系统。由于 Net Recon 具备了网络漏洞的自动发现和评估功能，它能够安全地模拟常见的入侵和攻击情况，在系统间分享信息并继续探测各种漏洞，直到发现所有的安全漏洞，从而识别并准确报告网络漏洞，推荐修正措施。

（三）蜜罐

蜜罐是一种在互联网上运行的计算机系统，它是专门为吸引并诱骗那些试图非法入侵他人计算机系统的人而设计的。蜜罐系统是一个包含漏洞的诱骗系统，它通过模拟一个或多个易受攻击的主机，给攻击者提供一个容易攻击的目标。由于蜜罐并没有向外界提供真正有价值的服务，因此所有对蜜罐的尝试都被视为可疑的。而蜜罐的另一个用途是拖延攻击者对真正目标的攻击，让攻击者在蜜罐上浪费时间。简单来说，蜜罐就是诱捕攻击者的一个陷阱。

（四）防病毒软件

防病毒软件的应用也是多层安全防护的一种必要措施。防病毒软件是专门为防止已知和未知病毒感染企业的信息系统而设计的，它的针对性很强，但是需要不断更新。

（五）多层防护发挥作用

即使网络中的入侵检测系统失效，防火墙、风险评估软件都没有发现已知病毒，安全漏洞检测没有清除病毒传播途径，防病毒软件同样能够侦测这些病毒，蜜罐系统也会起作用。因此，在使用了多层安全防护措施以后，企图入侵该网络系统的黑客要付出数倍的代价才有可能达到入侵的目的。这时，信息系统的安全系数得到了大大的提升。配置合理的防火墙能够在入侵检测系统发现之前阻止最普通的攻击。安全漏洞评估能够发现漏洞并帮助清除这些漏洞。

第四章 计算机网络信息安全体系 结构框架、现状及发展趋势

第一节 计算机网络信息安全体系 结构框架

如今世界步入了信息化时代，网络信息系统在国家的各个领域得到了普遍应用，人们在生活生产过程中充分认识到了计算机网络信息的重要性，很多企业组织对信息的依赖性增加。但随着计算机网络信息类型增多和人们使用需求的提升，加之计算机网络系统自身存在的风险，计算机网络信息系统安全管理成为有关人员关注的重点。

计算机网络信息系统安全是指计算机信息系统结构安全，计算机信息系统有关元素安全，以及计算机信息系统有关安全技术、安全服务以及安全管理的总和。计算机网络信息系统安全从系统应用和控制角度上看，主要是指信息的存储、处理、传输过程中体现其机密性、完整性、可用性的系统辨识、控制、策略及过程。

计算机网络信息系统安全管理的目标是实现信息在安全环境中的运行。实现这一目标需要可靠操作技术、计算机网络系统、计算机数据系统的支持以及相关的操作规范等。

为了避免计算机用户信息的泄露、信息资源的应用浪费、计算机信息系统软硬件故障对信息准确性的不利影响，需要有关人员构建有效的计算机网络信息安全体系结构框架，以保证计算机网络信息系统安全运行。

一、计算机网络信息安全体系结构

信息安全涉及的技术面非常广，在规划、设计、评估等一系列重要环节上都需要一个安全体系框架来提供指导。信息系统安全体系结构框架是国家"等级保护制度"技术体系的重要组成部分。在计算机网络技术的不断发展下，基于经典模型的计算机网络信息安全体系结构不再适用，为了研究解决多个平台计算机网络安全服务和安全机制问题，在 1989 年有关人员提出了开放性的计算机网络信息安全体系结构标准，确定了计算机三维框架网络安全体系结构。三维框架网络安全体系结构具体如图 4-1 所示。

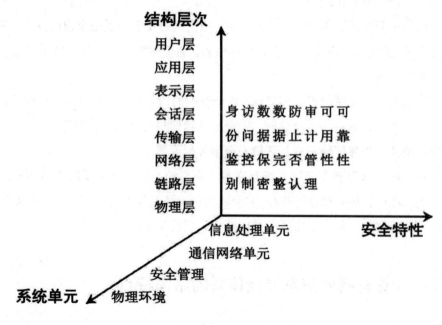

图 4-1　三维框架网络安全体系结构

这是一个通用的框架，反映信息系统安全需求和体系结构的共性，是从总体上把握信息系统安全技术体系的一个重要认识工具，具有普遍的适用性。信息系统安全体系结构框架的构成要素是安全特性、系统单元及开放系统互联参考模型结构层次。安全特性维描述了信息系统的安全服务和安全机制，包括身份鉴别、访问控制、数据保密、数据完整、防止否认、审计管理、可用性和可靠性。采取不同的安全政策或处于不同安全等级的信息系统可有不同的安全特性要求。系统单元描述了信息系统的各组成部分，还包括使用和管理信息系统的物理环境。

系统单元可分为四个部分：①信息处理单元，包括端系统和中继系统；②通信网络单元，包括本地通信网络和远程通信网络；③安全管理，即信息系统管理中与安全有关的活动；④物理环境，即与物理环境和人员有关的安全问题。

信息处理单元主要考虑计算机系统的安全：通过物理环境的安全机制提供安全的本地用户环境，保护硬件的安全；通过防干扰、防辐射、容错、检错等手段，保护软件的安全；通过用户身份鉴别、访问控制等机制，保护信息的安全。信息处理单元必须支持安全特性维要求的安全配置，支持具有不同安全策略的多个安全域。安全域是用户、信息客体以及安全策略的集合。信息处理单元支持安全域的严格分离、资源管理以及安全域间信息的受控共享和传送。

通信网络单元为传输中的信息提供保护。通信网络安全涉及安全通信协议、密码机制、安全管理应用进程、分布式管理系统等内容。通信网络安全确保开放系统通信环境下的通信业务流安全。

安全管理包括安全域的设置和管理、安全管理的信息库、安全管理信息通信、安全管理应用程序协议、端系统安全管理、安全服务管理与安全机制管理等。

物理环境涉及物理环境管理、环境安全服务配置等。

各信息系统单元需要在开放系统互联参考模型的不同层次上采取不同的安全服务和安全机制，以满足不同的安全需求。安全网络协议使对等的协议层之间建立被保护的物理路径或逻辑路径，每一层次通过接口向上一层提供安全服务。

二、计算机网络信息安全体系的结构特点

（一）保密性和完整性

计算机网络信息安全体系结构的保密性和完整性，能够保证计算机网络信息应用的安全。保密性主要是指保证计算机网络系统在应用的过程中机密信息不泄露给非法用户。完整性是指计算机信息网络在运营的过程中信息不能被随意篡改。

（二）真实性和可靠性

真实性主要是指计算机网络信息用户身份的真实,从而避免计算机网络信息应用中冒名顶替制造虚假信息现象的出现。可靠性是指计算机网络信息系统在规定的时间内完成指定任务。

（三）可控性和占有性

可控性是指计算机网络信息安全系统对网络信息传播和运行的控制能力,能够杜绝不良信息对计算机网络信息系统的影响。占有性是指经过授权的用户拥有享受网络信息服务的权利。

三、计算机网络信息安全体系存在的风险

（一）物理安全风险

物理安全风险包含物理层中可能导致计算机网络系统平台内部数据受损的物理因素,主要包括由自然灾害带来的意外事故造成的计算机系统破坏、电源故障导致的计算机设备损坏和数据丢失、设备失窃带来的计算机数据丢失、电磁辐射带来的计算机信息数据丢失等。

（二）网络系统安全风险

网络系统安全风险包括计算机数据链路层和计算机网络层中能够导致计算机系统平台或者内部数据信息丢失、损坏的因素。网络系统安全风险包括网络信息传输的安全风险、网络边界的安全风险、网络出现的病毒安全风险、黑客攻击安全风险等。

（三）系统应用安全风险

系统应用安全风险包括系统应用层中能够导致系统平台和内部数据损坏的因素,包括用户的非法访问、数据存储安全问题、信息输出问题、系统安全预警机制不完善、审计跟踪问题等。

四、计算机网络信息安全体系的构建

（一）计算机网络信息安全体系结构模式

计算机网络信息安全体系结构是一个动态化的概念，具体结构不仅体现在保证计算机信息的完整、安全、真实、保密等，而且需要有关操作人员在应用的过程中积极转变思维，根据不同的安全保护因素加快构建一个更科学、有效、严谨的综合性计算机网络信息安全保护屏障，具体的计算机网络信息安全体系结构模式需要包括以下几个环节：

1.预警

预警机制在计算机网络信息安全体系结构中具有重要的意义，也是实施网络信息安全体系的重要依据，在对整个计算机网络环境、网络安全进行分析和判断之后为计算机信息系统安全保护体系提供更为精确的预测和评估。

2.保护

保护是提升计算机网络安全性能，减少恶意入侵计算机系统的重要防御手段，主要是指通过建立一种机制来对计算机网络系统的安全设置进行检查，及时发现系统自身的漏洞并予以弥补。

3.检测

检测是及时发现入侵计算机信息系统行为的重要手段，主要是指通过对计算机网络信息安全系统实施隐蔽技术，从而减少入侵者发现计算机系统防护措施并破坏系统的一种主动性反击行为。检测能够为计算机信息安全系统的响应提供有效的时间，在操作应用的过程中减少损失。检测能够和计算机系统的防火墙进行联动作用，从而形成一个整体性的策略，设立相应的计算机信息系统安全监控中心，及时掌握计算机信息系统的安全运行情况。

4.响应

如果计算机网络信息安全体系结构出现入侵行为，就需要有关人员对计算机网络进行冻结处理，切断黑客的入侵途径，并采取相应的防入侵措施。

5.恢复

恢复是指在计算机系统遇到黑客攻击和入侵威胁之后，对被攻击和损坏的数据进行恢复的过程。恢复的实现需要三维框架网络安全体系结构对计算机网络文件和数据信息资源进行备份处理。

6.反击

反击是技术性能高的一种模块，主要反击行为是标记跟踪，即对黑客进行标记，之后应用侦查系统分析黑客的入侵方式，寻找黑客的地址。

（二）基于三维框架网络安全体系结构的计算机安全平台的构建

1.硬件密码处理安全平台

该平台的构建面向整个计算机业务网络，具有标准规范的 API 接口，通过该接口能够让整个计算机系统网络所需的身份认证、信息资料保密、信息资料完整、密钥管理等具有相应的规范标准。

2.网络级安全平台

该平台需要解决计算机网络信息系统互联、拨号网络用户身份认证、数据传输、信息传输通道的安全保密、网络入侵检测、系统预警等问题。在各个业务进行互联的时候需要应用硬件防火墙实现隔阂处理。在计算机网络层需要应用 SVPN 技术建立系统安全虚拟加密隧道，从而保证计算机系统重要信息传输的安全可靠。

3.应用安全平台

该平台的构建需要从两个方面实现：第一，应用计算机网络自身的安全机制进行应用安全平台的构建；第二，应用通用的安全应用平台实现对计算机网络上各种应用系统信息的安全防护。

4.安全管理平台

该平台能够根据计算机网络自身应用情况采用单独的安全管理中心、多个安全管理中心模式。该平台的主要功能是实现对计算机系统密钥的管理、完善计算机系统安全设备的管理配置、加强对计算机系统运行状态的监督控制等。

5.安全测评认证中心

安全测评认证中心是大型计算机信息网络系统必须建立的。安全测评认证中心的主要功能是通过建立完善的网络风险评估分析系统，及时发现计算机网络中可能存在的系统安全漏洞，针对漏洞制订计算机系统安全管理方案。

（三）实施安全信息系统

正确把握安全信息系统的实施思路，是信息安全系统建设单位十分关心的一个问题。实施安全信息系统流程如图 4-2 所示，这一流程对安全信息系统的实施过程具有普遍的指导意义。

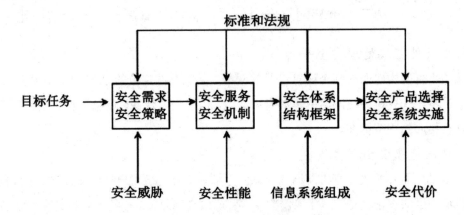

图 4-2　实施安全信息系统流程图

1.确定安全需求与安全策略

根据用户单位的性质、目标、任务以及存在的安全威胁确定安全需求。安全策略是针对安全需求而制定的计算机信息系统保护政策。该阶段根据不同安全保护级的要求提出了一些原则性的、通用的安全策略。各用户单位要规定适合自己情况的完整安全需求和安全策略。下面列举一些重要的安全需求。

（1）支持多种信息安全策略。计算机信息系统能够区分各种信息类型和用户活动，使之服从不同的安全策略。当用户共享信息及在不同安全策略下操作时，确保不违反安全策略。计算机信息系统必须支持各种安全策略规定的敏感和非敏感的信息处理。

（2）使用开放系统。开放系统是当今发展的主流。在开放系统环境下，必须为支持多种安全等级保护策略的分布信息系统提供安全保障，保护多个主机间分布信息处理和分布信息系统管理的安全。

（3）支持不同安全保护级别。支持不同安全属性的用户使用不同安全保护级别的资源。

（4）使用公共通信系统。使用公共通信系统实现连通性功能是节约通信资源的有效方法，但是必须确保公共通信系统的可用性安全服务。

2.确定安全服务与安全保护机制

根据规定的安全策略与安全需求确定安全服务和安全保护机制。不同安全等级的信息系统需要不同的安全服务和安全保护机制。如某个信息处理系统主要的安全服务确定为：身份鉴别、访问控制、数据保密、数据完整等。

为提供上述安全服务，要确立以下基本安全保护机制：可信功能、安全标记、事件检测、安全审计跟踪和安全恢复等。此外，还要体现以下特定安全保护机制：加密机制、数字签名机制、访问控制机制、数据完整性机制、鉴别机制、通信网络业务填充机制、路由控制机制等。

3.建立安全体系结构框架

确定了安全服务和安全保护机制后，根据信息系统的组成和开放系统互联参考模型，建立具体的安全体系结构模型。信息系统安全体系结构框架确定主要反映在不同功能的安全子系统。

4.遵循信息技术和信息安全标准

在安全体系结构框架下，遵循有关的信息技术和信息安全标准，并折中考虑安全强度和安全代价，选择相应安全保护等级的技术产品，最终实现安全等级信息系统的构建。

（四）计算机网络信息安全体系的实现分析

1.计算机信息安全体系结构在被攻击时的防护措施

如果计算机网络信息受到了病毒攻击或者非法入侵，计算机网络信息安全体系结构则能够及时阻止病毒或者非法入侵者进入电脑系统。三维框架网络安全体系结构在对计算机网络信息系统进行综合分析的过程中，能够对攻击行为进行全面的分析，及时感知计算机系统存在的安全隐患。

2.计算机信息安全体系结构在被攻击之前的防护措施

计算机网络信息支持下各种文件的使用也存在差异，使用频率越高的文件就越容易受到黑客的攻击。为此，需要在文件被攻击之前做好计算机网络信息安全防护工作，一般对使用频率较高文件的保护方式是设置防火墙和网络访问权限。同时还可以应用三维框架网络安全体系结构来分析计算机系统应用潜在的威胁因素。

3.加强对计算机信息网络的安全管理

对计算机信息网络的安全管理是计算机系统数据安全的重要保证，具体需做到以下两点：

第一，拓展计算机信息网络安全管理范围。针对黑客在计算机数据使用之前对数据进行攻击的情况，有关人员可以在事先做好相应的预防工作，通过对计算机系统的预防管理保证计算机信息技术得到充分应用。

第二，加强对计算机信息网络安全管理的力度。具体表现为根据计算机系统，对计算机用户信息情况进行全面掌握，在掌握用户身份的情况下做好加密工作，保证用户数据信息安全。

4.实现对入侵检测和计算机数据的加密

入侵检测技术是在防火墙技术基础上发展起来的一种补充性技术，是一种主动防御技术。计算机信息系统入侵检测工作包含对用户活动进行分析和监听、对计算机系统自身弱点进行审计、对计算机系统中的异常行为进行辨别分析、对入侵模式进行分析等。入侵检测工作需要按照网络安全要求进行，因为入侵检测是从外部环境入手，很容易受到外来信息的破坏，所以有关人员需要加强对计算机数据的加密处理。

综上所述，在现代科技的发展下，人们对计算机网络信息安全体系结构提出了更高的要求，需要应用最新技术完善计算机网络信息安全体系结构，从而有效防止非法用户对计算机信息安全系统的入侵，减少计算机网络信息的泄露，实现对网络用户个人利益的维护，保证计算机网络信息安全系统的有效应用。

第二节　网络信息安全的现状

一、国内网络信息安全现状

网络经济是实体经济的补充，它的规范与发展同样需要统一的思想来指导。数字中国是未来重大的发展战略，以云计算、大数据、移动互联为代表的网络数字技术应用不再局限于经济领域，而是广泛融入公共服务、社会发展、人民生活的方方面面。

互联网是 20 世纪最伟大的变革，它引领人们走向新的纪元，不仅给社会生活带来巨大的变化和影响，也给意识形态的传播交流带来新的挑战与机遇。各种代表着不同群体利益的意识形态在网络平台上肆意徜徉，其丰富多样、复杂多变的内在结构和传播形式是传统意识形态所未有的，它所带产生的影响力和传播力度也是空前巨大的。在数字经济推动经济发展的同时，我们也必须警惕其背后的安全问题。这就需要从思想认识上着手，充分发挥网络意识形态对数字经济发展的指导作用，统一经济主体思想，规范经济活动行为，建立公平合理的网络经济制度，维护数字经济发展秩序，促进线上线下经济融合，助推互联网经济安全有序发展。网络意识形态具有符号化、自由化、平民化和全球化的特征。当下，学术界从多重维度对网络意识形态安全的内涵提出了不同看法，有学者从技术层面分析，认为网络意识形态安全应该由国家通过 IP 地址阻断、大数据跟踪分析监测等信息技术来构建话语权，确保主流意识形态的主导地位不受颠覆，从而获取保障网络信息安全的能力。

伴随网络建设的快速发展，尤其是互联网的广泛应用，大量的计算机网络开始开展各项工作。那么对于一个单位的工作人员的网络信息安全管理培训就显得非常重要，但是目前行业市场中关于计算机网络信息安全的管理培训并不被重视，处于网络信息安全管理的底层。所以，使用计算机网络的人员安全管理水平低，技术素质低，操作失误或错误的问题比较普遍，此外，人为因素中还包括违法犯罪行为。

因此，要对用户进行必要的安全教育，选择有较高职业道德修养的人做网络管理员，制定出具体措施，提高安全意识。网络意识形态相关理论最早由美国提出。互联网自1969 年开创以来，涌现出了一大批研究著作。在这些著作中，有学者认为互联网是一种信息技术层面的意识形态，会使一个社会的政治、经济和文化受到一定的冲击。在虚拟的互联网空间，同样需要社会契约来约束网络活动，要以一种新的形式、新的规则来应对网络时代出现的新特征、新问题。网络意识形态已逐渐成为国内外专家学者研究和探讨的热点话题。

网络意识形态安全是指国家主流意识形态能够在网络思潮中不被外部因素威胁或消解，起到引导网络舆论走向、引领社会价值取向、保持制度稳定的作用。一方面，要确保意识形态传播主体的行为在网络空间要符合我国主流意识形态观念知识体系；另一方面，要确保接受意识形态的客体不受非主流意识形态的干扰，有明确的辨别力和坚定的信念，不断提升社会主义核心价值观在互联网虚拟空间的吸引力，确保主流意识形态影响力历久弥新，生命力长盛不衰。网络安全是国家安全的重要组成部分，网络和信息安全牵涉到国家安全和社会稳定，关系着政权的生死存亡，是我们面临的新的综合性挑战。因此，我们必须高度重视网络意识形态安全工作，谨防网络成为意识形态斗争的突破口，成为意识形态安全的最大变量，莫让网络安全成为人民日益增长的对美好生活需要追求的"拦路虎"。

二、国际网络信息安全的现状

相较于国内，近年来国际上数据信息泄露事件高发，网络信息安全备受关注。政府机构和组织屡受攻击，考生信息、公民医疗信息等民生数据泄露事件时有发生，AWS（亚马逊云计算服务）、德勤、网易、万豪、华住等大型商业企业数据泄露事件不断，给政府、企业与人民造成巨大的经济以及信誉损失。2019 年 2 月，WinRAR 的漏洞被网络罪犯和黑客大肆利用，影响了自 2000 年以来发行的所有 WinRAR 版本，超过 5 亿 WinRAR 用户面临风险；3 月，美国思杰公司遭受严重的黑客攻击，大量政府机构和财富 500 强企业的文件被盗；9 月，IT 安全和云数据管理巨头 RUBRIK 数据库中近 10 GB 的客户信息数据遭到泄露，DEMANT 集团的勒索软件事件造成了高达 9 500 万美元的损失。这么多复杂的数据泄露事件说明，必须持续加强各类型组织的网络安全防护。

相关调查显示，全球发生的信息系统安全事件日趋增多，信息系统安全事件发生的原因各种各样，企业处理这些事件的成本也随之提高。在中国，2013 年调查企业受到信息系统安全攻击所导致的损失高达 180 万美元。PONEMON 机构对网络犯罪进行了调查，该机构抽取了 60 个企业作为调查对象，这些企业每年受到信息系统安全攻击所产生的损失从 130 万美元到 5 000 万美元不等，平均下来每个企业近 1 000 万美元。如果黑客对证券和银行等信息网络进行攻击，那么证券和银行等的损失会非常大，甚至能严重危害到社会上的其他行业。

信息系统安全事件造成了多方面的损失：一是经济损失。二是企业的社会信誉受损。如果企业受到信息系统安全攻击，并遭受损失，则消费者会认为企业对其信息的保管安全性低，投资者会认为企业对信息系统安全管理方面不重视。这种不信任感会影响到企业的各个方面，最终损害企业的形象，影响顾客对其品牌的信赖，以及企业在资本市场筹集资金的能力。三是企业竞争力减弱。

网络安全的从业人员大部分从事运营与保养、技术保证、管理、风险评估与测试，而战略性的规划、架构设计、网络安全法律相关从业人员相对较少，网络安全专业的从业人员队伍呈现底部过大、顶部过小的结构，"重产品、轻服务，重技术、轻管理"的情况依旧普遍。随着国家"新基建"的逐步推进，网络安全人才短缺的问题将日益严重。

三、网络信息安全问题产生的原因

（一）人才短缺制约产业发展

由于网络安全人才的数量和结构性失衡严重，网络安全人才成了制约我国网络安全行业健康发展的一个重要因素。随着"互联网＋安全"人才需求的迅速增加，"互联网＋安全"人才供不应求成为世界上任何一个国家普遍面临的紧急问题。中国互联网安全行业发展起步晚，其中的技术人员短缺现象特别严重。

网站技术的快速发展让网站安全问题日益突出。很多网站开发与设计公司对网站安全代码设计方面了解不多，这也就决定了在网站开发与设计过程中，相关工作人员尽管发现了安全问题，还是不能彻底解决这些安全问题。在发现网站存在安全问题和安全漏洞后，相关工作人员几乎不会针对网站具体的漏洞原理对源代码进行改造；相反，对这些安全问题的解决还只是停留在页面修复上。这也可以解释为什么很多网站在安装了网页防篡改或者网站恢复软件后，还会遭受黑客攻击。

综上所述，针对日益广泛的网络活动的开展，网络安全技术的匹配还未跟上节奏，网络安全行业的内在推动、产业技术支撑力亟待加强。虽然近几年网络信息安全已备受重视，但是整体行业发展还处于初级阶段，网络安全设备的硬件研发和产品使用仍然是重点。针对网络安全软件的开发，还有更大的发展空间。

（二）相关法律政策不完善，技术支撑能力不足

网络黑客攻击是人为的恶意攻击，这种恶意攻击会带有一定的目的性，会对计算机网络系统进行有选择性的恶意破坏。病毒潜伏在网络当中，虽然不会影响到正常工作，但是会窃取数据信息，特别是重要的机密信息，会使电力系统遭受更大的经济损失。计算机系统硬件和其通信设施很容易受到外界的干扰，如地震、水灾、泥石流、暴风雪等自然灾害对其构成一定的威胁。此外，一些偶发性因素，如电源和机械设备故障、软件开发过程中留下的某些漏洞等，也会对计算机网络构成严重威胁。这就需要更具有支撑

力的网络信息安全技术，解决网络信息安全系统中各环节的入侵和漏洞控制问题。

传统法治观念将虚拟化的网络空间潜意识地边缘化，这也是导致网络信息安全问题发生的原因。规章制度不健全、渎职行为等都会对计算机信息安全造成威胁。传统意识形态工作的开展主要依靠政策支撑，而在网络时代，网络信息技术与政策对于网络意识形态工作同样重要，如同鸟之两翼、车之双轮，都是决定网络意识形态安全的重要因素。做好这项工作，既需要核心技术的支撑，也需要完善的制度作为规范网络秩序的保障。两者只有协调一致，相互配合，相互促进，共同发挥效用，才能守好网络意识形态安全这座"大门"。

一方面，要紧扣时代脉搏，顺应发展潮流，积极探索制定符合我国国情的网络意识形态安全治理机制，做好顶层战略规划与设计，为完善相关信息基础设施，创新技术发展奠定坚实的制度基础。

另一方面，要不断与时俱进，提高网络技术，为形成开放、动态、良好发展的网络意识形态安全结构夯实技术基础。任何一个要素存在短板，都会对网络安全构成威胁。

第三节　网络信息安全发展趋势

随着社会、经济及计算机应用技术的高速发展，计算机的应用已普及到现代社会的各行各业，以计算机为技术支持的信息产业，已成为现代社会的三大支柱产业之一。

计算机与人类发明的其他工具一样，既可以用来创造无穷无尽的财富，也可以用来制造破坏甚至灾难——这完全取决于使用计算机的人如何利用它。由于计算机是一种高技术的特殊工具，被如此广泛地应用于现代社会生活的各个角落，如此深入地介入现代社会生活的各个方面，所以一旦计算机系统或存储在计算机内的信息受到破坏，所造成的损失将不可估量。可以说，对计算机系统安全的威胁，就是对整个现代化信息社会的威胁。

网络固然提高了我们的工作效率，但与此同时，我们绝不能忽视它的开放性给我们带来的危险。由于网络的存在，我们的身边也与世界上任何其他地方一样，不断发生诸如病毒攻击、电子炸弹攻击等事件。遗憾的是，仍然有许多人觉得这一切都离自己太遥远，总以为高科技的东西很神秘，只与高深莫测的技术支持人员有关，所以并不知道是否应该，更不知道如何采取适当的措施来保护自己的安全。正如汽车的发明在拓展人类生活空间的同时，也带来诸如废气、噪声、交通事故等社会问题一样，计算机技术给人类社会带来了巨大进步，同时一些新型违法犯罪活动和新的社会问题随之产生，并日趋严重。

研究网络信息安全发展趋势具有重要意义。具体来说，网络信息安全发展趋势包括以下几个方面：

一、人工智能的创新应用

在经历一轮又一轮的跌宕起伏之后，人工智能在 2017 年再一次站到了浪潮之巅。数据的爆发式增长、深度学习算法的优化、计算能力的提升，促使人工智能技术快速发展。人工智能在主动安全防护、主动防御、策略配置方面发挥的作用越来越大，但是当前仍旧处于探索阶段。比如基于神经网络，在入侵检测、识别垃圾邮件、发现蠕虫病毒、侦测和清除僵尸网络设备、发现和阻断未知类型恶意软件执行等方面进行了大量的探索，收到了良好的效果。微软推出了一款基于人工智能的软件安全检测工具——SRD，帮助开发者检测新软件中存在的错误与安全漏洞，有效提升了测试软件的自动化和智能化程度。但黑客同时也正在利用人工智能和机器学习为发起攻击提供技术支持，随着网络空间环境的日益复杂，在攻防双方日益激烈的较量中，人工智能与机器学习的关注度将持续上升。网络安全促进人工智能的未来发展，人工智能改变网络安全的未来。

二、网络安全防护思路转变

Gartner 的自适应安全理念推崇持续地进行恶意事件检测、用户行为分析，及时发现网络和系统中进行的恶意行为，及时修复漏洞，调整安全策略，并对事件进行详尽的调查取证。通过这些获得的知识，指导自己下一次或其他用户的安全评估，实现神奇的"预测"。

由此提出的自适应安全框架（ASA）强调构建自适应的防御能力、检测能力、回溯能力和预测能力，通过持续的监控和分析调整各项能力，做到自动调整，相互支撑，闭环处置，动态发展。

（一）防御能力

防御能力是指一系列策略集、产品和服务可以用于防御攻击。这个方面的关键目标是通过减少被攻击面来提升攻击门槛，并在受影响前拦截攻击动作。

（二）检测能力

检测能力用于发现那些逃过防御网络的攻击,该方面的关键目标是降低威胁造成的"停摆时间"以及其他潜在的损失。检测能力非常关键，因为企业应该假设自己已处在被攻击状态中。

（三）回溯能力

回溯能力用于高效调查和补救被检测分析功能（或外部服务）查出的事务，以提供入侵认证和攻击来源分析，并产生新的预防手段来避免未来事故。

（四）预测能力

预测能力使安全系统可从外部监控下的黑客行动中学习，以主动锁定对现有系统和信息具有威胁的新型攻击，并对漏洞划定优先级和定位。该情报将反馈到预防和检测功能，从而构成整个处理流程的闭环。

三、新技术驱动安全能力革新

传统的安全技术在云计算、大数据等技术的驱动下，焕发出勃勃生机。云计算技术让传统的安全能力能够在云上部署，随云迁移，软件定义安全（software defined security, SDS）使得安全防护能力随需而来，弹性可扩展，极大地提高了防护的灵活性；大数据技术解决了海量信息的快速分析和处理难题，让我们有能力能够从海量的结构化、非结构化、半结构化数据中找到规律、找到目标，机器学习、深度学习进一步加强了大数据技术的分析能力，让结果更准确。

（一）基于全流量的可定制化的安全分析

未来网络安全防御体系将更加看重网络安全的监测和响应能力，充分利用网络全流量、大数据分析及预测技术，大幅提高安全事件监测预警和快速响应能力，应对大量未知安全威胁。网络流量分析解决方案融合了传统的基于规则的检测技术，以及机器学习和其他高级分析技术，它通过监控网络流量、连接和对象，找出恶意的行为迹象，尤其是失陷后的痕迹。通过对原始全流量的数据进行分析，以大数据分析系统为基础，建立安全分析模型，运用机器学习算法驱动机器自学习，让安全分析更智能，分析结果更准确。

（二）基于业务应用的人员行为管控

人员行为是控制措施的重要内容。通过基于业务应用的人员行为审计，将对人的安全行为管控形成重要的控制点，这是管控好一切安全的源头。

（三）基于威胁情报的新安全服务

威胁情报是基于证据的知识，涉及资产面临的现有或新出现的威胁或危害，可为主体威胁或危害的响应决策提供依据。威胁情报正是网络攻防战场上"知己知彼"的关键。特别是随着各种高级威胁的出现，企业机构在防范外部攻击过程中亟须以充分、有效的安全威胁情报作为支撑，进而做出更好的响应决策。威胁情报的重要性已经得到各机构管理层和业界的充分重视。情报即服务的业务模式已经存在，企业也可以在受控范围内将自身的安全数据与外部进行共享，实现双赢的局面。

四、网络安全管理的理念变化

大数据技术的发展也在不断推动安全能力的进化、革新，使得安全能力由被动防护不断向主动检测、主动处置、积极预测发展，不断化被动为主动，实现安全防护能力的持续发展。对于网络攻击，甚至高级持续性威胁（advanced persistent threat, APT）攻击，更应该考虑的是如何能够及时、准确发现攻击，及时处理，并及时恢复正常业务，将网络攻击带来的损失降至最低。因为攻击是常态，是持续性的，所以安全必须也是持续的，需要持续的监控和分析能力，以确保安全防护、检测、响应和预测能力的可持续发展。因此，安全能力体现在检测时效和响应时效方面，由此自适应的安全防护框架（ASA）将推动自动化安全发展，智能安全将是未来安全发展的趋势。

技术在不断进步，环境在不断变化，网络安全环境会随着外部网络安全形势而发生动态变化，安全能力也要做到随需应变，需要在已有安全防护能力的基础上，提升主动检测和持续响应能力，从而提高对各类安全威胁的动态感知能力和处置能力。

第五章　信息安全风险评估与评价标准

第一节　网络信息安全风险评估与技术

一、网络环境下信息安全风险评估

随着信息通信技术的不断进步,信息化已经而且将更加深刻地影响世界各国经济社会发展,同时改变着人们的生产和生活方式。风险评估作为系统安全管理中一个重要的工具,通过对信息系统进行全面的安全识别和风险评估,有计划地消除或降低风险,从而使得系统风险降低到可接受程度,大大提升了信息系统的安全性。

(一)信息安全风险评估相关概念

1.信息安全风险评估的定义

信息安全风险是指信息系统中存在的脆弱性被入侵者成功利用后引发了安全事件,潜在的威胁演变成安全事件会对信息系统造成的负面影响。信息安全涵盖了网络安全、系统安全、应用安全、数据库安全等内容,而网络安全在信息安全中占据很重要的地位。

网络信息安全风险评估定义为:识别网络系统中存在的威胁、漏洞、资产,对威胁成功利用漏洞后对网络系统带来的风险大小进行准确、有效的评估,并对风险评估结果实施安全防护策略用以抵御威胁,从而降低潜在威胁和未知安全事件造成的负面影响。

2.网络安全风险评估要素

风险评估涉及 5 个关键要素,包括资产、漏洞、威胁、风险和安全措施。各要素之间的关系、关键要素以及关键要素相互关联的属性如下:

(1)组织业务战略强调了对拥有的一切资产的依赖程度。

(2)每个资产都具有相应的价值,组织拥有的一切资产价值越大,其业务战略越依赖于资产。

（3）威胁可以增加网络系统的风险，威胁成功利用漏洞后，就会形成网络攻击事件。

（4）漏洞利用成功后会对资产价值带来负面影响，漏洞暴露了资产价值。

（5）漏洞会影响组织业务战略的正常运营。

（6）风险的评估导出安全需求。

（7）通过分析实施安全措施的防护成本，利用安全措施满足安全需求。

（8）实施恰当的安全措施可以降低风险，并成功抵御潜在威胁。

（9）在有限预算的条件下实施安全措施后控制了一部分风险，还有一部分风险仍存在于网络系统当中。

（10）如果不对残余风险进行及时的控制，则将来可能诱发未知的网络攻击事件。

从以上关系可知，业务战略依赖程度越低，属于资产的漏洞越多，则资产面临的威胁越多；不当或无效的安全措施，抑或是未及时控制的残余风险，都会导致安全风险增大。

（二）信息安全风险评估标准及模型

网络安全风险评估是一个极其复杂的过程，一个完备的风险评估体系架构涉及相关的评估标准、模型架构、技术体系、法律法规和组织架构。在安全风险评估中，评估模型、评估标准、评估方法等一直都是重要的研究内容。

1.安全风险评估标准

从 20 世纪 80 年代起，世界各国政府陆续对安全风险评估开展了相关研究，美国、欧盟、加拿大等以及国际标准化组织陆续颁布了一系列安全风险评估标准及安全风险评估方法。安全风险评估标准的发展包括两个阶段：

（1）本土化阶段。美国 1983 年颁布了可信计算机系统评价标准 TCSEC，它是计算机系统安全风险评估的第一个正式标准，具有划时代的意义。该准则于 1985 年 12 月由美国国防部公布。TCSEC 最初用于军用标准，后来应用于民用领域。计算机系统被 TCSEC 从高到低划分为 4 个等级和 7 个级别。TCSEC 的局限性是只考虑数据的机密性，忽略了完整性和可用性等。该标准适用于单个计算机系统，不适用于计算机网络系统的安全风险评估。1992 年 12 月，美国国防部公布了联邦准则（FC），是对 TCSEC

的升级，该准则引入了"轮廓保护"的概念，是军用、民用和商用共同的标准。紧随其后，英国、加拿大、德国等国相继制定了适应于本国国情的相关安全风险评估标准。例如，英国的可信级别标准（MEMO3DTI）、加拿大的《可信计算机产品评估准则》（CTCPEC）、德国评估准则（ZSEIC）和法国评估标准（BWRBOOK）等。

（2）多国化阶段。英、法、德、荷四国国防部门信息安全机构于 1991 年率先联合制定了欧盟共同的评估标准——《信息技术安全评估准则》（ITSEC），这标志着信息安全风险评估标准从本土化阶段转向多国化阶段。ITSEC 相对于 TCSEC 考虑更全面，定义了数据的机密性、完整性、可用性等，且适用于单机和网络系统的评估。在欧盟四国颁布 ITSEC 之后，美国联合英国、德国、法国、加拿大、荷兰五国制定了首个通用于各国的信息安全风险评估标准，达到掌握信息安全市场主动权的目的。经过 1993 年至 1996 年的研究开发，他们颁布了《信息技术安全通用评估准则》，其简称"CC 标准"，框架源自 ITSEC、CTCPEC 和 FC。CC 标准一个明显的缺陷是没有数学模型的支持，即理论基础不足。CC 标准出台之后，在六国多年协商和联合推动下，CC 标准被国际标准化组织正式列入国际标准体系，并于 1999 年更名为 ISO/IEC15408-1999。

我国也开展了安全风险评估标准的研究并颁布了相关标准与准则，然而相应的技术体系还处于研究阶段。我国于 1999 年 9 月制定了《计算机信息系统 安全保护等级划分准则》（GB 17859—1999），制定出计算机信息系统安全划分到 5 种保护级的准则。2001 年 3 月，我国制定了《信息技术 安全技术 信息技术安全性评估准则》（GB/T 18336），该标准参考的是 ISO/IEC15408-1-1999。2007 年 6 月，我国制定了《信息安全技术 信息安全风险评估规范》（GB/T 20984—2007），定义风险评估为"依据有关信息安全技术与管理标准，对信息系统及由其处理、传输和存储的信息的保密性、完整性和可用性等安全属性进行评价的过程。它要评估资产面临的威胁以及威胁利用脆弱性导致安全事件的可能性，并结合安全事件所涉及的资产价值来判断安全事件一旦发生对组织造成的影响"。

随着信息技术的飞速发展，网络互联以及信息化建设已经深入社会各个组织的具体业务之中，信息技术的普及使企业能够进行高效率、低成本的运作和沟通。同时，电子商务和电子政务的广泛应用也在现实生活中随处可见。但是，在这些信息技术在为我们带来巨大商机和便利的同时，也使我们不得不面对前所未有的挑战，信息安全问题日益突出。国际及国内的相关安全组织、政府相关部门开始制定适合自己的信息安全标准，以应对日益突出的安全问题。将信息安全工作标准化不仅仅关系国家安全，同样也能够保护国家利益、促进产业健康发展，是解决信息安全问题的重要技术支撑。在这个信息爆炸的时代，互联网的发展速度是惊人的，由此引发的网络安全问题和信息安全问题已经迫在眉睫。因此，积极推动信息安全的标准化，才能使我们在全球一体化竞争中牢牢掌握主动权。由此可见，信息安全工作标准化将是一项长期的、复杂的和艰巨的工作。

2.安全风险评估模型

网络信息安全风险评估可以被看作一个动态的、持续改进的过程，目前世界各国相继提出了一些经典的动态安全体系模型，用于抽象描述风险评估过程。

比较典型的模型有 PDR 模型、P2DR 模型、APPDRR 模型、PADIMEE 模型以及我国的 WPDRRC 模型等。其中，偏重技术理论的 PDR 模型、P2DR 模型和 APPDRR 模型都是美国的 ISS 公司提出的动态安全体系的代表模型。PDR 模型认为应从保护、检测、响应三个方面进行，响应是对非授权访问的直接反馈；后来 PDR 模型中添加了恢复（Restore），强调自身恢复。

APPDRR 模型包括了风险评估、系统防护、安全策略、动态检测、灾难恢复和实时响应六个环节，可以描述网络安全的动态循环流动过程，并在此过程中逐渐提高网络的安全性，最终达到保障目标网络安全的目的。该模型认为第一个重要环节是风险评估，并将风险评估的重要性提升到前所未有的高度，强调以风险评估为核心，全面掌握当前网络所面临的潜在威胁，实施恰当的安全策略进行风险控制，促使网络安全状况发展为一个动态的螺旋上升的过程。

偏重管理的 PADIMEE 模型是安氏领信公司提出的。模型包括了策略、评估、设计、执行、管理、紧急响应和教育七个方面。PADIMEE 包括了 P2DR 和 APPDRR 中的动态检测内容，同时涵盖了安全管理的要素，强调通过管理环节辅以安全措施，以最小代价获取最大收益，最终实现网络安全目标。

为了进一步适应信息系统安全新需求，国家 863 信息安全专家组推出了 WPDRRC 模型，该模型在 PDRR 模型的基础上增加了预警、反击两个环节，涵盖 6 个环节和 3 大要素，其中 6 个环节包括预警、保护、检测、响应、恢复和反击，3 大要素包括人员、策略和技术。该模型同时指出了各个要素之间的内在联系，在我国安保工作中发挥着日益重要的指导作用。

（三）风险评估等级保护

风险评估是一项基本的信息安全活动，没有风险评估，便难以准确了解信息安全态势，更不可能形成有针对性的信息安全解决方案。信息安全建设的最终目的是服务于信息化，但其直接目的是控制安全风险。风险评估将导出信息系统的安全需求，所有信息安全建设都应该以风险评估为起点。

由于我国的信息安全基础比较薄弱，信息安全建设曾一度缺乏高效的指导，基础信息网络和重要信息系统普遍存在较大的安全隐患，安全措施不合理，因此必须对我国的基础信息网络和重要信息系统开展全面的、正式的风险评估，以此为基础设计安全方案，提高基础信息网络和重要信息系统的信息安全防护水平。

信息安全等级保护同样是风险管理思想的体现。信息安全等级保护要求坚持分级防护、突出重点。风险是客观存在的，没有绝对的安全，即使是理论上也难以做到绝对安全。安全与成本总是成正比的，安全是风险与成本的综合平衡。等级保护要求对信息系统突出重点、分级防护，做到正确的风险评估，采取科学的、客观的、经济的、有效的措施，避免盲目地追求绝对安全和完全无视风险。

风险管理是等级保护的理论依据和方法学。等级保护强调了信息系统按照分级的原则实现相对应级别的安全功能。在这个过程中，信息系统安全级别的确定、安全需求的导出、安全保障措施的选择、安全状态的检查，无一不需要风险管理的思想和风险评估工作的支持。当然，在某些情况下，并不需要实施完整的风险评估，可能只需要评估信息系统资产的重要性或者信息系统面临的威胁等，以控制风险评估的成本。

等级保护是围绕信息安全保障全过程的一项基础性的管理制度，是一项基础性和制度性工作。通过等级保护的实施，国家才能够对重要信息系统和基础信息网络实施总体指导和监管。但是，由于信息系统千差万别，等级保护提出的各个等级的安全要求只能是基线要求，即最低要求。一个具体的信息系统，要实现其安全等级所必需的安全要求，还要通过风险评估，发掘更细化的安全需求。

二、网络环境下信息安全风险管理

（一）风险识别

风险识别是在风险演变为问题之前预见风险，并将缓冲信息应用到组织的信息安全风险管理过程中去。在具体执行时，风险标识应该使整个组织的全体成员能够定期地或根据需要标识和交流与风险相关的信息，提供一致性的格式来记录所有与风险相关的信息手段。完成标识任务后，我们就记录了一组风险数据，包括组织的资产、威胁以及可用的弱点等方面的信息。还收集了足够的补充信息，为解释组织的风险提供了全面的具体环境。

1.信息资产识别

资产是那些具有价值的信息或资源，是信息安全风险评估的对象，同时也是恶意攻击者攻击的目标。同时，资产也是系统脆弱点的载体。因此，资产如何识别是开展信息安全风险评估的基础。

信息资产是具有一定价值且值得被保护的与信息相关的资产。信息系统管理的首要任务是先确定信息资产，主要是确定资产的价值大小、资产的类别以及需要保护的资产的重要程度，从而有选择地进行资产保护。信息资产既包括有形资产，又包括无形资产。有形资产包括物理上的计算机设备、厂房设施等，无形资产包括一些虚拟的资产，如应用服务、存储的数据，还包括企业的社会形象和信誉度。

信息系统安全保护的目的是保证信息资产的安全水平，这里的信息资产有虚拟的资产和物理的资产，对于不同的资产，所考虑的安全性的要求也有所不同。在考虑资产的安全性时，要综合各个因素对其进行评估：信息资产受到破坏所造成的直接损失；信息资产受到破坏后回复所需要的成本，包括软硬件的购买与更新，所需要的技术人员的数量；信息资产破坏对相关企业所造成的间接损失，包括间接的资产上的损失和信誉上的影响；还有其他类型的因素，如企业对信息资产的保险额度的提高。

一般而言，常见的资产识别方法多从资产表现形式、业务资产识别或信息流等方面开展识别，而识别方式主要有问卷调查、资料查找、现场勘查等方式。

2.安全威胁识别

网络环境下存在的各种威胁是信息系统安全风险识别的对象，是造成资产损失的主要原因，资产的安全威胁识别因此成为信息系统安全风险评估过程中必不可少的一部分。

信息系统安全威胁是指对信息原本所具有的属性，如完整性、保密性和可用性，构成潜在破坏的能力。安全威胁受到各个方面因素的影响，从人为角度考虑，黑客的攻击数量、攻击方式都是影响安全威胁的因素；从系统的角度考虑，企业系统自身的安全等级、软硬件设施也是影响安全威胁的因素。确认信息系统所面临的威胁后，还要对可能发生的威胁事件作出评估，评估威胁要考虑到两个因素：一个是什么会对信息系统造成威胁，比如环境、机会和技能；另一个是为什么对信息系统产生威胁，威胁的动机是什么，比如利益驱动、炫耀心理等。

网络环境下面临的安全威胁包括能够对信息系统以及资产造成威胁的实体或现象，包括自然灾害、人为破坏等，可以通过系统日志、入侵检测系统等追溯威胁来源。入侵检测系统可以通过监控信息系统状态，针对恶意攻击行为发动系统警报。Snort 也是信息系统威胁识别的主要工具之一，通过数据包嗅探，Snort 将从云计算系统的网络中截获数据包。这些数据包经过解码器的解码，将数据推送到插件中进行预处理。基于设定的规则库，Snort 将对预处理数据进行检测，并把符合规则的数据信息以警报的形式推送给用户。

3.脆弱识别

脆弱性指信息资产当中存在可能遭受威胁的薄弱部分。这种威胁性对信息资产本身基本没有太大影响，但对信息资产的薄弱环节能造成一定程度的损坏。在现实中，任何一个信息资产都可能存在着一部分的脆弱性，比如只有通过不断更新，才能使得应用更加完善，但在完善的过程中依旧会有漏洞需要修补。在信息系统当中面临着很多这种类型的问题，因此只有针对信息系统每一项信息资产，对其脆弱性进行逐个分类，然后进行有针对性的保护，才能更好地保障信息系统的安全。信息系统的脆弱性分类如表 5-1 所示。

表 5-1　信息系统的脆弱性分类

种类	详细描述
技术脆弱性	运用软件时存在的漏洞，比如系统架构构建时存在的漏洞
操作脆弱性	软件的使用和系统配置时，授权人操作不当
管理脆弱性	安全策略、规章制度、资产控制、人员安全管理与意识培训等方面

信息系统的脆弱识别将直接反映该系统的安全状况,因此脆弱识别是信息安全评估的重要组成部分。目前,常用的脆弱识别检测方法包括漏洞扫描、代码扫描、反编译审计、模糊测试等。

(二)风险分析

风险分析作为网络安全研究领域的重要组成部分,逐渐形成了较为完善的理论体系和技术方法。风险分析既是对已知措施的一种分析评判方法,也是对未知安全威胁的衡量。就风险分析而言,可以从宏观和微观两个层面来进行分析和研究。从宏观层面来看,相关风险模型或标准提供了分析的理论指导依据;从微观层面来看,实际的风险分析及评估方法提供了具体的应用技术和实施手段。在网络安全领域,相关的风险分析体系成为理论指导,具体实现技术则是切实有效的落实手段,能够全面有效地应对网络中的各种威胁和风险,保障系统的资产安全。

在不同时期,由于网络发展水平和安全技术研究水平不同,风险分析模型与评价标准也在随着时间不断变化,到现在已经建立了众多的技术框架体系,共同推动着安全风险分析的发展,最终实现信息安全系统的保护。世界各国都提出了不同的标准,从概念、方法和组织实施方面指导信息系统安全风险分析及评估。

风险分析主要从如何识别、如何应对、如何做好风险控制等三方面出发,对系统风险进行有效分析。风险分析主要围绕系统资产、威胁、脆弱性和安全风险展开,首先系统存在安全风险和有价值的资产,威胁攻击者以获得资产为目标,通过利用系统脆弱性进而达到目标。安全风险是由安全威胁引起的,信息系统所面临的威胁越大、脆弱性越强,则安全风险就越大。安全风险的增加会导致安全需求增加,进而促进安全设施以及安全管理,降低安全风险,保障系统资产安全。

安全风险分析的基本流程:首先确定分析的目标、范围、方案;其次对系统资产、威胁以及脆弱性进行分析并衡量其严重程度;然后按照一定的安全风险分析方法确定风险并计算风险;最后根据结果判断风险是否可以接受,如果不能接受则实施风险管理。

(三)风险规划

风险规划是确定需要采取哪些行动改善组织的安全状态并保护关键资产的过程。风险规划的目标是开发和维护以下三项增强安全的内容:第一,改进组织全面安全状态的保护策略；第二，设计用于建设组织的关键资产风险的缓和计划；第三，实施保护策略和风险缓和计划关键部分的详细行动计划。风险规划的任务如表 5-2 所示。

表 5-2　风险规划的任务

任务	说明	关键结果
开发保护	开发保护策略需要定义（或更新）用于改进组织的与安全相关的实践保护策略	保护
开发风险缓和计划	开发风险缓和计划需要定义（或更新）建设组织的关键资产的风险计划	缓和
开发行动计划	开发行动计划涉及指定一组实施保护策略和风险缓和计划的关键部分的行动。行动计划基于对可用资产的评估以及组织的约束进行定义。每个行动计划包括完成的日期、成功标准和资金需求。另外，选择根据组织的时间表和成功标准监督计划的措施。最后，必须分配实施行动计划的人员	行动计划、预算、时间表、成功标准、监督行动计划的措施、分配实施行动计划的人员

（四）风险实施

风险实施是采取行动计划以改善组织安全状态的过程。风险实施的目标是根据在风险规划阶段定义的时间表和成功标准执行所有的行动计划。实施与风险监督和控制是紧密联系的，在这一过程中，我们要注意纠正实施进程。

（五）风险监督

监督过程用于跟踪行动计划，确定行动计划当前所处的状态，并对组织的数据进行评审，以找到新风险的迹象或对已有风险的改变。监督风险的目标是收集准确的、及时的、与被实施行动计划的进展相关的信息，并找出组织可操作环境的主要变化信息，这些变化信息能够指示新出现的风险或者对已有风险的明显改变。监督风险时需要完成的任务如表 5-3 所示。

表 5-3　风险监督的任务

任务	说明	关键结果
获取数据	获取数据需要收集定量的数据或者信息，这些数据和信息用于：根据时间表和成功标准度量行动计划的状态；指示出现的新风险或者对已有风险的明显改变	跟踪行动计划进展的数据、关键风险指示的数据
报告进展和风险指示的数据	报告进展涉及保证关键的决策者了解行动计划的当前状态，报告风险显示的数据要求传达所有新风险的迹象给组织内合适的人员	交流报告进展、交流风险指示数据

风险监督提供一种有效的方法，以跟踪行动计划的进展、新风险的迹象和对已有风险的明显改变。监督过程应该既能够平衡组织内当前的项目管理实践，又使分析人员能够有效、及时地交流信息和风险指示。

（六）风险控制

风险控制是由指定的人员调整行动计划，确定组织条件的变更是否表明出现了新风险的过程。风险控制的目标是作出明智的、及时的和有效的关于行动计划纠正措施的决策，并决定是否标识出组织的新风险。控制风险所需完成的任务如表 5-4 所示。

表 5-4　风险控制的任务

任务	说明	关键结果
分析数据	分析数据涉及分析所报告的数据的趋势、偏差和不规则情况。需要对以下类型的信息进行评审：跟踪行动计划进展的数据；关键风险指示器的数据	已分析的进展报告、已分析的风险指示器
作出决策	需要指派的人员来决定：怎样处理行动计划；是否要标识出组织的新风险	有关改变行动计划的决定、有关标识新风险的决定
执行决策	涉及将控制决策付诸实践	交流的决定对行动计划实施的改变、风险标识活动的开始

第二节　网络信息安全风险评估关键技术

一、风险评估方法

（一）定性分析法

定性分析法又称非数量分析法，是常用的分析方法之一，使用其进行系统风险评估时主要依靠评估人员的专业知识、丰富经验以及主观的判断和问题分析能力来评估和推测系统运行过程中发生的各种安全事件的历史记录以及现有这些安全事件所造成的系统损失情况、安全事件带来的内外环境变化情况等。评估人员通过对非量化因素的综合考虑，从而对系统的安全现状与风险作出评估判断。定性分析法的核心是针对研究对象的"质"进行分析，在分析评估的过程中通过运用归纳、演绎、综合分析、抽象概括等方法对各种资料进行加工后，取其精华、去其糟粕，从而帮助人们更好地认识事物，并对其本质进行准确描述。从结果精准度的角度进行考量，定性分析主要包含两个不同层次：第一层次是进行了精准度较低的定量分析，在该层次中研究的结果仅是定性结果的描述材料，并没有对结果依据进行数值化度量，因此结果较为主观；第二层次是进行了严格的定量分析，并在此基础上对事物进行总结性定性分析，这样得到的结果与第一层次相比更加客观与准确。

常见的典型定性分析方法主要包括历史比较法、逻辑分析法、因素分析法、德尔斐法等。定性分析法的优点是操作简单、易于理解与实施。其缺点显而易见，由于在分析的过程中使用的大部分方法都受限于测试者本身的知识与经验，因此结果过于主观，很难准确反映现实情况。分析结果的准确性往往决定于评估者自身水平的高低。此外，当所有分析依据的素材都比较主观的时候，很难客观地评价其准确性和实际管理性能。

（二）定量分析法

与定性分析法相反，定量分析法是一种数量分析法，它主要是运用量化的指标对对象系统进行分析评估，并结合数学统计分析工具对经过数值量化后的指标进行加工、处理，根据实际数据情况得出量化分析结果。与定性分析相比，定量分析的结果更具有准确性。

常见的典型定量分析方法主要有时序模型、因子分析、回归模型、聚类分析、风险图法、决策树法等。

通过定量分析得到的结果充分地建立在独立客观的方法和衡量标准之上，并在进行具体定量分析的同时，有丰富且有意义的过程数据。同时，以数量表示的评估结果更加易于理解。但是，由于评估因素间的复杂关系，完全量化评估是很难实现的，也是不切实际的，因此在通常进行的定量分析的过程中，所采用的量化模型均在某些方面进行了简化。

与定性分析相比，定量分析的目的在于更加准确地定性，从而使得定性分析所得到的结果更加科学、准确。因此可以说，这两种方法从最终目的上来说是统一的，从方法实施过程上来说是互相补充的。

（三）定性与定量结合分析法

众所周知，事物的组成因素都是极其复杂的，对一个系统进行整体的风险评估更是一个复杂的过程。在实际评估一个事物时要完全量化这些因素是非常不切实际的，因此在实际分析过程中需要在客观性和主观性方面进行平衡，往往将定性分析方法和定量分析方法进行有机的结合，共同完成对事物的评估与分析。

对于定性与定量结合的分析方法，国内外比较常用的主要包括层次分析法、模糊综合评判法、网络分析法以及相关分析法等，也有根据上述方法进行改良的其他方法。系统风险分析作为一个典型的应用场景，在进行具体评估的过程中势必要使用这些方法。

二、网络信息安全风险评估技术

（一）未确知测度的风险评估技术

由于在网络环境下信息安全风险组成以及风险因素构成极其复杂，无法进行完全的量化，因此在传统信息系统风险评估方法中，对于无法进行量化的情况大多采用模糊综合评判法。然而在进行模糊综合评判的过程中，状态集函数的模糊隶属度不满足"归一性条件"以及"可加性原则"，会直接导致评估结果不可信；而模糊集的运算也损失了许多信息，导致结果失真；此外，由于条件限制，评判专家所掌握的信息不足以把握风险的数量关系或风险所处的真实状态，会在主观认识上产生不确定性，从而无法保证评估结果的准确性。基于未确知测度的信息系统风险评估模型，对风险评估中的主观不确定性，通过对信息系统风险评估指标体系的建立与分析并利用量化指标权重和多指标综合测度评价矩阵，对未确知测度进行了量化，从而给出了一种适合信息系统特点的未确知测度风险评估模型。

在该评估模型中，对于指标权重的量化是其核心。指标权重量化的精确度和科学性直接影响评价的结果。在众多权重的确定方法之中，通过对典型的方法（包括熵值法、聚类分析法、层次分析法等）进行综合分析后得出各种分析方法的优缺点，如表 5-5 所示。最终，基于未确知测度的评估模型实际选择了层次分析法来对指标权重进行评估。

表 5-5　指标权重量化方法

方法	优势	劣势
熵值法	能够反映指标信息熵值的效用价值，其给出的指标权重有较高的可信度	缺乏各指标间的横向比较
聚类分析法	能够根据多项指标的重要程度分类	不能确定单项指标的权重
层次分析法	根据专家的知识和经验对评价指标的内涵与外延进行判断，并对专家的主观判断进行了数学处理，指标之间相对重要程度的分析更具逻辑性，适用范围广	无

其中，层次分析法是通过分层的方法将与决策强相关的元素分解成目标、准则、方案等层次，在此基础上进行定性和定量分析的决策方法。其主要内容包括以下几个方面：建立递阶层次结构模型；构造出各层次中的所有判断矩阵；针对某一标准计算指标权重以及最后的整体综合评价。

而在具体应用层次分析法对实际问题进行决策时，重点在于如何把问题依照某种角度逻辑条理化地梳理并结合层次化的思想将问题抽象成一个多层次模型。该模型能将一个非常复杂的系统性问题分解分拆成许多不同的独立元素。而与此同时，对于每一层的单一独立元素，根据其内部属性以及关系又可以继续进行层次化分拆。一般说来，上一层次的元素将作为下一层次的准则，对下一层次起到支配作用。

虽然通过层次结构模型能够对问题各个层级各因素之间的关系有比较直观的反映，但在对其整体进行衡量的过程中可以发现，每层各个元素对于目标的作用、各个元素的重要性及其所占的比重的衡量结果并不是完全一致的。而在确定具体指标因素的具体的比重时，如何对其比重进行准确量化是非常困难的，往往会涉及"如何比较多个因子对某一因素影响的大小"这一问题。为了解决该问题，常采用建立成对判断矩阵来对因子进行两两比较的做法。

（二）信息融合的层次化风险评估技术

由于信息系统在运行的过程中，存在大量的多元异构数据与网络数据交互，因此存在各种安全方面的问题，而基于信息融合的层次化风险评估模型主要便是面向系统运行过程中多元异构数据和大规模网络安全等方面的需求。

该模型主要将信息系统的风险评估分为三个阶段：要素提取、态势评估以及态势预测。其中要素提取主要是对风险评估的指标信息进行采集，主要的数据来源包括入侵检测系统、防火墙、开源 Snort 等多源异类安全事件数据。在对事件数据进行采集获取之后，需要将它们进行数据清洗、预处理以及集成。在具体的态势评估阶段，通过层次分析法，将系统拆分为服务层、主机层、网络系统层等多个层次，并对各个层次进行独立分析，对相应层次上的基础运行态势、威胁态势、脆弱性态势和风险态势进行专项态势评估，在此基础上进行综合分析得到整体安全态势评估情况。而在通过态势模型能对当前态势进行量化评估之后，可以在态势预测阶段使用可视化的方式展示当前的整体态势，并且通过采集态势变化数据，利用态势预测算法对未来态势进行预测，从而达到对系统的风险评估与预测。层次化系统安全评估模型如图 5-1 所示。

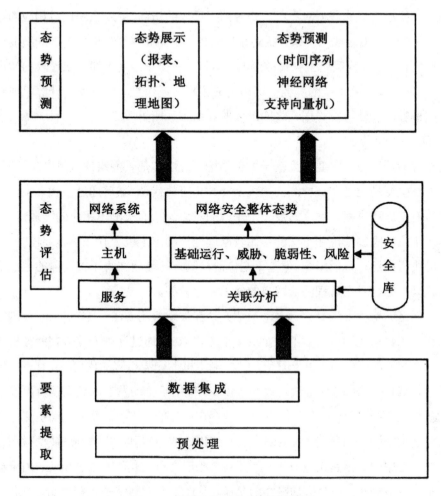

图 5-1　层次化系统安全评估模型图

（三）网络安全脆弱性分析技术

计算机上的很多漏洞并非来自设计上的错误，而是在性能和设计限制之间进行必要的平衡和折中所带来的。计算机状态从不同的角度可以分为授权状态和非授权状态、易受攻击状态和不易受攻击状态、受损状态和非受损状态，当计算机处于易受攻击状态时，计算机可以从非授权状态转变为授权状态，受损状态指的是计算机完成了这个转变后的状态，而攻击的发生则使计算机由非受损状态转变为受损状态，是从脆弱状态开始的。脆弱性是软件上存在的缺陷，而这种缺陷的利用将对计算机系统的机密性、完整性和可用性造成不良影响。计算机上存在的脆弱性是系统本身的一组特性，而攻击者利用这些特性通过已授权的方式获得对系统上资源的未授权的访问，或对系统造成相应的不良影响。由上面这些对脆弱性的一系列描述可以看出，计算机或计算机设备上的脆弱性指的是计算机硬件、软件或策略上存在的漏洞或缺陷，使得攻击者可能在未授权的情况下访问系统。而网络或信息系统的脆弱性则由组成该网络或信息系统的所有计算机或计算机设备的脆弱性，以及这些脆弱性之间形成的利用关系所组成。

1.脆弱性的检测

脆弱性的检测方法主要分为基于主机的检测方法和基于网络的检测方法。基于主机的检测方法主要是通过在被检测的主机上安装相应的代理，然后通过该代理来检测该主机上的所有文件和进程，发现违反安全规则的对象，从而检测出相应的脆弱点。

基于主机的脆弱性检测方法能够比较准确地检测出主机上存在的脆弱性，并且只对被检测的主机的运行有所影响。但基于主机的检测方法需要在每个被检测的主机上安装相应的代理，并且发现远程渗透弱点的能力相对较差。

基于网络的检测方法又分为主动检测方法和被动检测方法。其中，主动检测方法通过发送特定的数据包到被检测的一个或多个主机当中，通过这种方法来判断被检测主机上是否存在相应的脆弱点。由于无须在被检测主机上安装相应的代理，并且可以给多个主机发送数据包，因此这种方法的效率比较高。但由于主动发送的数据包有可能被防护墙等设备拦截，所以无法检测目标主机是否存在相应的脆弱性。并且主动检测方法产生的数据包会增加网络的负荷，对网络的正常使用造成一定程度的影响。被动检测方法则通过抓取网络中的数据包进行分析，从而判断相应主机上是否存在脆弱性。由于被动检测方法不产生数据包，不会增加网络的负荷，从而不会对网络的正常使用造成影响，因此被动检测方法可以一直"透明式"地在线。但当检测主机由于服务不在线或其他原因而没有发送数据包，或者只发送了具有部分脆弱点特征的数据包时，被动检测方法就不能检测或只能部分检测到目标主机上存在的脆弱性。

通过上述分析可知，在脆弱性检测方面，由于每一种检测方法都各有优缺点，在实际应用中往往需要根据被评估网络或信息系统的实际情况，采用某种或结合多种脆弱性检测方法来检测网络或信息系统上存在的脆弱性。

2.脆弱性的评估

网络或信息系统上存在的脆弱点之间往往存在利用的关联性，为了评估网络或信息系统上的脆弱点之间的关联关系，国内外开展了大量的研究工作，提出了多种评估模型，比较典型的有故障树（Fault Tree）模型、攻击树（Attack Tree）模型、基于 Petri Net 的模型、特权图（Privilege Graph）模型以及攻击图（Attack Graph）模型。

　　故障树模型分析是由贝尔实验室提出的一种将系统故障不断拆分成树状结构的分析方式，不仅可以用于定性判断，也可以用于定量分析。该模型主要以根节点表示系统故障，分支节点表示各自故障原因，逐级向下分析，用逻辑门符号进行上下连接。该模型主要是通过各故障及原因的分析帮助改进设计，灵活性高，但故障树逻辑关系较为复杂，发生逻辑运算时容易发生错误，这限制了它的普及。

　　攻击树模型分析法是一种根据攻击建立树状结构的分析方法。根节点表示攻击者的目标，叶子节点表示达到攻击目标的攻击方式，这样能够对系统的脆弱点和漏洞进行深层次的挖掘，但不同系统需要构建不同的攻击树。

　　攻击图模型目前是网络安全风险评估中，用于表达网络或信息系统中存在的脆弱点以及脆弱点间的关联最有效的模型之一。攻击图以有向图的方式来表达攻击者利用存在的脆弱性对网络或信息系统进行攻击的所有可能的攻击路径，全面地反映了网络或信息系统中脆弱点利用之间的依赖关系。攻击图标示了被评估的网络或信息系统中存在的脆弱点，以及攻击者利用这些脆弱点进行一步或多步攻击的各种可能的攻击路径。攻击图模型相对于其他脆弱性评估模型而言具有巨大的优势，成为脆弱性分析和风险评估的重要工具。构建好的攻击图可以用于对网络安全措施的优化分析（定性评估）、网络安全的量化分析（定量评估）以及入侵警报的关联分析（实时评估）。为了保护网络或信息系统中的关键资源，避免其受到攻击者的攻击，需要采取一些网络安全措施对网络或信息系统进行安全加固。而安全措施的采取需要一定的代价，不同的安全措施的代价往往不同，如何使用最小代价的安全措施集合来实现保护目的是定性评估中的重要问题，而基于攻击图的分析方法是解决这个问题的重要途径。

第三节　我国信息系统安全评价标准

一、安全评价标准概述

安全评价是通过评估系统可能受到的威胁与攻击来防止威胁与攻击的方法,评估的重点应放在系统的安全控制能力和保护措施上,强调系统可能存在的信息泄露,确保系统的保密安全,确认是否存在不可预料的破坏或可绕过的控制。安全评价是定性的。美国国防部制定的《可信计算机系统评估准则》既是最早的安全评价,也是最典型的安全评价。

信息安全评价标准是评价信息系统安全性或安全能力的尺度,安全评价是以安全模型为基础的。

有几种对计算机信息系统的安全性进行评价的方法,它们的目的各不相同。风险评估主要是评估计算机(网络)系统本身的脆弱性,其所面临的威胁与攻击,以及这些威胁与攻击对系统安全所造成的影响程度。风险评估一般从财产遭受威胁和攻击引起的损失等方面来考虑,损失程度按有意或无意破坏、修改、泄露信息以及设备误用所出现的概率来定量地确定。电子信息处理(EDP)审计也是一种安全评价方法,EDP 审计的主要任务是对系统及其环境的连续性和完整性的管理方法进行评估,并且对获得的数据进行评估。EDP 审计一般采用定性分析方法,将注意力放在控制威胁和风险上,对威胁与攻击频度和财产进行考虑。审计任务可以通过判断特殊的打印输出内容的正确与否、运用已知测试结果的测试数据对系统进行检查性的测试、通过评估计算机系统中各种交易的处理状态进行系统设计等方法来完成。

中国国家质量技术监督局(现为国家市场监督管理总局)于 1999 年 9 月 13 日正式公布了新的国家标准,即《计算机信息系统安全保护等级划分准则》(GB 17859—1999)。该标准于 2001 年元旦开始实施。这是我国第一部关于计算机信息系统安全等级划分的标准,目前仍然适用。国外同类标准是由美国国防部在 1985 年公布的《可信计算机系统评估准则》(TCSEC,又称橘皮书)。在 TCSEC 中划分了 7 个安全等级,即 D、C1、C2、B1、B2、B3 和 A1 级,其中 D 级是没有安全机制的级别,A1 级是难以达到的安全级别。我国的《计算机信息系统安全保护等级划分准则》去掉了这两个级别,而对其他 5 个级别赋予了新意。

二、各安全级别的主要特征

我国国家标准把计算机信息系统的安全保护能力划分为 5 个等级：系统自主保护级、系统审计保护级、安全标记保护级、结构化保护级和访问验证保护级。这 5 个级别的安全强度自低到高排列，且高一级包括低一级的安全能力。

（一）系统自主保护级

第 1 级，系统自主保护级。本级的主要特点是用户具有自主安全保护能力。系统采用自主访问控制机制，该机制允许命名用户以用户或用户组的身份规定并控制客体的共享，能阻止非授权用户读取敏感信息。任务控制模块（TCB）在初始执行时需要鉴别用户的身份，不允许无权用户访问用户身份鉴别信息。该安全级通过自主完整性策略，阻止无权用户修改或破坏敏感信息。

（二）系统审计保护级

第 2 级，系统审计保护级。本级也属于自主访问控制级，但和第一级相比，TCB实施粒度更细的自主访问控制，控制粒度可达单个用户级，能够控制访问权限的扩散，没有访问权的用户只能由有权用户指定对客体的访问权。身份鉴别功能通过每个用户唯一标识监控用户的每个行为，并能对这些行为进行审计。增加了客体重用要求和审计功能是本级的主要特色。审计功能要求 TCB 能够记录对身份鉴别机制的使用，将客体引入用户地址空间，客体的删除，操作员、系统管理员或系统安全管理员实施的动作，以及其他与系统安全有关的事件。客体重用要求是指客体运行结束后在其占用的存储介质（如内存、外存、寄存器等）上写入的信息（称为残留信息）必须加以清除，从而防止信息泄露给其他使用这些介质的客体。

（三）安全标记保护级

第 3 级，安全标记保护级。本级在提供系统审计保护级所有功能的基础上，提供基本的强制访问功能。TCB 能够维护每个主体及其控制的存储客体的敏感标记，也可以要求授权用户确定无标记数据的安全级别。这些标记是等级分类与非等级类别的集合，是实施强制访问控制的依据。TCB 可以支持对多种安全级别（如军用安全级别可划分为绝密、机密、秘密和无密 4 个安全级别）的访问控制，强制访问控制规则如下所述：

仅当主体安全级别中的等级分类高于或等于客体安全级中的等级分类，且主体安全级中的非等级类别包含了客体安全级中的全部非等级类别，主体才能对客体有读权；仅当主体安全级中的等级分类低于或等于客体安全级中的等级分类，且主体安全级中的非等级类别包含于客体安全级中的非等级类别，主体才能写一个客体。

TCB 维护用户身份识别数据，确定用户的访问权及授权数据，并且使用这些数据鉴别用户的身份。审计功能除保持上一级的要求外，还要求记录客体的安全级别，TCB 还具有审计可读输出记号是否发生更改的能力。对数据完整性的要求则增加了在网络环境中使用完整性敏感标记来确保信息在传输过程中未受损。

本级要求提供有关安全策略的模型，主体对客体强制访问控制的非形式化描述，没有对多级安全形式化模型提出要求。

（四）结构化保护级

第 4 级，结构化保护级。本级 TCB 建立在明确定义的形式化安全策略模型之上，它要求将自主和强制访问控制扩展到所有主体与客体。它要求系统开发者彻底搜索隐蔽存储信道，标识出这些信道和它们的带宽。本级最主要的特点是，TCB 必须结构化为关键保护元素和非关键保护元素。TCB 的接口要求是明确定义的，使其实现能得到充分的测试和全面的复审。第 4 级加强了鉴别机制，支持系统管理员和操作员的职能，提供可信设施管理，增强了系统配置管理控制，使系统具有较强的抗渗透能力。

强制访问控制的能力增强，TCB 可以对外部主体能够直接或间接访问的所有资源（如主体、存储客体和输入/输出资源）实行强制访问控制。关于访问客体的主体的范围有了扩大，第 4 级则规定 TCB 外部的所有主体对客体的直接或间接访问都应该满足上一级规定的访问条件。而第 3 级仅要求那些受 TCB 控制的主体对客体的访问受到访问权限的限制，没有指明间接访问也应受到限制。要求对间接访问也要进行控制，意味着 TCB 必须具有信息流分析能力。

为了实施更强的强制访问控制，第 4 级要求 TCB 维护与可被外部主体直接或间接访问到的计算机系统资源（如主体、存储客体和只读存储器等）相关的敏感标记。第 4

级还显式地增加了隐蔽信道分析和可信路径的要求。可信路径的要求如下：TCB 在它与用户之间提供可信通信路径，供用户初始登录和鉴别，且规定该路径上的通信只能由使用它的用户初始化。对于审计功能，本级要求 TCB 能够审计利用隐蔽存储信道时可能被使用的事件。

（五）访问验证保护级

第 5 级，访问验证保护级。本级的设计参照了访问监视器模型，它要求 TCB 能满足访问监视器（reference monitor, RM）的需求，RM 仲裁主体对客体的全部访问。RM 本身是足够小的、抗篡改的和能够分析测试的。在构造 TCB 时要去掉与安全策略无关的代码，在实现时要把 TCB 的复杂度降到最低。系统应支持安全管理员职能，扩充审计机制，在发生安全事件后要发出信号，提供系统恢复机制，系统应该具有很高的抗渗透能力。

对于实现的自主访问控制功能，访问控制能够为每个命名客体指定命名用户和用户组，并规定它们对客体的访问模式。对于强制访问控制功能的要求与上一级别的要求相同。对于审计功能，要求 TCB 包括可以审计安全事件的发生与积累机制，当超过一定阈值时，能够立即向安全管理员发出报警，并且能以最小代价终止这些与安全相关的事件继续发生或积累。

对于可信路径功能要求如下：当与用户连接时（如注册、更改主体安全级），TCB 要提供它与用户之间的可信通信路径。可信路径只能由该用户或 TCB 激活，这条路径在逻辑上与其他路径上的通信是隔离的，并且是可以正确区分的。

第 5 安全级还增加了可信恢复功能。TCB 提供过程与机制，保证计算机系统失效或中断后，可以进行不损害任何安全保护性能的恢复。

三、对安全标准的讨论

新安全等级划分标准的一个显著特点是：评价的因素简化，可操作性增强。在 TCSEC 标准中，一共有 25 条评价因素。而新标准中只有 10 条评价系统安全能力的因素，而且这些因素的含义都是比较好理解的，这样有助于在实际中更好地掌握标准。

（一）关于强制访问控制的讨论

第 3 级中的强制访问控制策略是试图体现军用安全模型和 BLP 安全模型的要求。例如，要求"主体安全级中的非等级类别包含了客体安全级中的全部非等级类别，主体才能对客体有读权"是军用安全模型的要求；虽然规定了写客体的要求是"仅当主体安全级中的等级分类低于或等于客体安全级中的等级分类，且主体安全级中的非等级类别包含于客体安全级中的非等级类别，主体才能写一个客体"，但这样的规则并不符合 BLP 模型中的安全性要求，不能保证信息流的安全性。BLP 模型的特性原则用于控制两个客体之间的信息流动，要求只能把从低级别客体中读出的信息写入高级别的客体内（相同级别之间的信息也可以互相流动），这一原则没有在本标准中明确地体现出来。

从第 3 安全级开始，计算机信息系统增加了强制访问控制安全能力，同时保留自主访问控制安全能力。自主访问控制能力允许某客体的主体授权其他主体向其客体写数据，这样可以解决低完整性级别的主体向高完整性级别的客体写入数据的问题，也可以阻止非授权用户修改或破坏敏感数据，但违反了本标准规定的强制访问控制规则。对于要求达到 3 级以上安全能力的系统，需要以强制访问控制为主，只能在有限的主体范围内允许自主访问控制。考虑到在网络环境中数据传输过程中可能受损，因此在数据完整性条款中特意要求使用完整性敏感标记来确信信息在传送过程中没有受到损害。

（二）关于访问验证保护级的讨论

第 5 安全级并不是简单地对应 TCSEC 的 B3 安全级，还包含了部分 A1 安全级的要求。B3 安全级要求系统有主体/客体安全保护区域，有能力实现对每个客体的访问控制，使每次访问都受到检查。客体的访问区域限定在某个安全域内。但这些要求并未在新的第 5 安全级内明确体现。A1 安全级又称为可验证安全保护级。要求对 A1 类系统的形式模型有充分的验证；要求有顶级设计与系统形式模型一致性的说明；非形式地证明系统的实现与其技术规格的一致性的例证；要求有对隐蔽信道的分析说明。从第 5 级的名称来看，它更贴近 A1 级的要求。

第 5 安全级是最高的安全级，具有该安全能力的计算机信息系统应该具有很强的安全防护能力。不仅能够控制显式数据流的安全，也能防止隐式信息流的信息泄露问题；既能实现单级安全模型的要求，也能支持多级安全模型的访问控制要求。

第六章　网络信息安全与对抗技术

第一节　网络空间信息安全

一、传统安全观与新安全观

人类的生产生活日益依赖互联互通的网络信息基础设施,尽管为能源、食品、水、交通运输等提供支持的基础设施行业依然至关重要,但是其服务提供能力日益受制于作为人们日常生活重要组成部分的信息通信技术。与此同时,全球化时代世界各国思想文化的交流、交融、交锋越发依赖智能化的网络空间,高度复杂的物理和逻辑互联的网络空间安全性问题日益凸显。从本质上看,网络空间信息安全的问题源于信息通信技术,但又不局限于信息通信技术本身,已全面渗透于社会、经济、政治、文化的各个领域,由此也要求各国立足全球化和信息化的时代背景,基于新的国家安全观的视角,科学地审视网络空间信息安全的内涵与外延,客观认识网络空间信息安全的威胁类型及保障领域,在此基础上尝试构建网络空间信息安全战略的研究框架,为全球信息安全战略的制定提供依据。

(一)传统安全观的理论范式

传统安全观是人们的国家安全与国际关系相关思想观念的汇集融合,经过长期发展和验证,传统安全观逐步形成了较为稳定的理论范式,可从以下几个方面对其进行解析:

1.安全主体

从安全主体来看,国家是最重要的安全主体,一切安全问题都要围绕国家这个中心。传统安全观专注于解释国家的行为,对个人、公司、国际组织等角色有意识地加以忽视。因此,传统安全观以国家安全为中心和本位,把国家作为安全主体,其逻辑是与人类历史发展相一致的。

2.安全目标

从安全目标来看，传统安全观认为国家的最终目的是最大限度地谋求权力或安全，在处理国家关系时，任何抽象的或理想主义的考虑都是没有意义的，只有对国家利益和权力的追求才是至高无上的。

3.安全性质

从安全性质来看，传统安全观认为国际体系在本质上是一种无政府状态，没有一个最高权威来提供和保证一国的安全，国家必须依靠自己的力量来保护其利益。由于国家追求各自利益是永无止境的，国家间又总是存在着利益的纠葛，因此在国际体系中任何一个主权国家的存在对别国来说本质上都是不安全的。

4.安全手段

从安全手段来看，传统安全观认为军事手段是维护国家安全最基本、最重要的手段，国家倾向于以威胁或使用军事力量这种手段来保证其国际政治目标的实现。

5.安全主体间的关系

从安全主体间的关系来看，传统安全观认为国家在安全问题上总是处于两难境地，由于安全主体追求单边安全而非共有安全，追求单赢而非双赢或多赢，所以必将不可避免地形成安全困境。

综上所述，传统安全观所关注的焦点是国家如何应对其他国家的军事、政治、经济等威胁，包括外部敌对国家可能对本国发动的军事攻击、经济命脉的控制、意识形态的颠覆等方面。因此，基于军事力量的国家生存安全构成了传统安全观的主要方面，国家安全更多地取决于以军事等手段维护本国的地理疆界不受侵犯。

（二）新安全观的内涵

1.安全主体多元

新安全观安全保障的主体不仅包括国家，还延伸到了个人、群体和国际组织等，与此对应的是对国家产生威胁的主体也呈现出多元化特点，威胁主体不再仅仅是主权国家，也有可能是有经济和军事实力的政治或宗教组织，或具备高科技手段的黑客以及恐怖集团或恐怖分子。

2.安全领域综合

新安全观主张安全的对象是包括政治安全、经济安全、军事安全、文化安全、信息安全、生态安全等多领域的综合安全体，各个领域的安全态势和保障方法虽然不同，但是相互联系、互相依存。

3.安全手段柔性

新安全观认为，当前保障安全的基本手段仍是军事力量，但它已经不是唯一手段，未来国家之间的安全冲突更多地依赖于经济、政治、科技、文化等手段的综合运用。

4.安全边界模糊

国家之间利益交错，国家安全成为相对概念，安全边界也始终处于变动中，也许一国军事实力远远强于其他所有国家，但该国也不一定能够确保其绝对安全。

5.安全重心内化

随着国际机制的成熟与健全，外部威胁因素在减少，合作成了处理国家关系的主要选择，相对而言，影响国家安全的内部因素的地位却在不断上升。

20 世纪末以来，基于对国际形势和中国道路的准确判断，我国政府前瞻性地提出了"新安全观"概念，我国成为国际社会新安全观的积极倡导国之一。其中，2002 年 6月 7 日，在俄罗斯圣彼得堡签署的《上海合作组织成员国元首宣言》中提出的全球安全新理念，强调建立"互信、互利、平等、协作"的新安全观。2011 年 9 月 6 日，国务院新闻办公室发表了《中国的和平发展》白皮书，进一步丰富和完善了新安全观，将倡导"互信、互利、平等、协作"的新安全观作为我国和平发展的对外方针政策的重要组成部分，并寻求实现综合安全、共同安全、合作安全"三大安全"。上述努力为全球新安全观的形成和发展奠定了良好的基础。

二、网络空间信息安全的内涵、威胁与保障

（一）网络空间信息安全的内涵

随着网络信息技术的飞速发展和深度普及，全球网络空间兼具基础设施、媒体、社交、商业等属性，同时融合了现实社会的巨大利益，网络空间信息安全威胁成为各国综合性安全威胁的主要载体，谋取网络空间信息安全优势是各国政府巩固本国实力和拓展

全球影响力的重要目标。

在此背景下，从国家综合安全的视角观察网络空间信息安全问题成为各国决策者和研究者的共识。就信息安全的基本内涵来看，网络空间国家信息安全指国家范围内的网络信息、网络信息载体和网络信息资源等不受来自国内外各种形式威胁的状态。但实践表明，网络空间国家信息安全具有极为丰富和复杂的内涵，如果仅从技术层面理解网络空间国家信息安全，通常难以有效解释和系统涵盖网络空间对政治、经济、文化和社会等带来的全方位冲击，尤其是以网络信息内容为核心的各类思想文化领域的安全威胁，如网络政治行动、网络虚假和不良信息传播等。

综上所述，为了准确理解网络空间信息安全的概念内涵并指导实践，可以将网络空间信息安全分为技术性安全（硬安全）和非技术性安全（软安全）两个维度予以分析。其中，技术性安全主要是指维护网络空间的信息或信息系统免受各类威胁、干扰和破坏，核心是保障信息的保密性、可用性、完整性等基本安全属性；而非技术性安全主要关系到文化和政治领域，它受一国文化和法律环境的影响，网络空间信息内容的真实性、合法性、伦理性等主观性指标则是网络空间国家信息安全的评判标志。

（二）网络信息安全面临的主要威胁

1.利用漏洞

利用漏洞就是通过特定的操作，或使用专门的漏洞攻击程序，利用操作系统、应用软件中的漏洞，达到入侵系统或获取特殊权限的目的。溢出攻击也是利用漏洞的一种攻击方法，它通过向程序提交超长的数据，结合特定的攻击编码，可以导致系统崩溃，或者执行非授权的指令、获取系统特权等，从而产生更大的危害。SQL 注入是一种典型的网页代码漏洞利用。大量的动态网站页面中的信息，都需要与数据库进行交互，若缺少有效的合法性验证，则攻击者可以通过网页表单提交特定的 SQL 语句，从而查看未授权的信息，获取数据操作权限等。

2.暴力破解

暴力破解多用于密码攻击领域，即使用各种不同的密码组合反复进行验证，直到找出正确的密码。这种方式也称为"密码穷举"，用来尝试的所有密码集合称为"密码字典"。从理论上来说，任何密码都可以使用这种方法来破解，只不过越复杂的密码需要的破解时间也越长。

3.木马植入

攻击者通过向受害者系统中植入并启用木马程序,在用户不知情的情况下窃取敏感信息（如 QQ 密码、银行账号、机密文件）,甚至夺取计算机的控制权。当访问一些恶意网页、聊天工具中的不明链接,或者使用一些破解版软件,单击未知类型的电子邮件附件,甚至打开网友发来的所谓照片、视频等文件时,用户计算机都有可能被悄悄地植入木马。

木马程序好比潜伏在计算机中的电子间谍,通常伪装成合法的系统文件,具有较强的隐蔽性、欺骗性,基本都具有键盘记录甚至截图功能,收集的信息将会自动发送给攻击者。黑客通过 QQ 黏虫弹出的假冒登录窗口得到用户的账号和密码。

4.病毒、恶意程序

与木马程序不同的是,计算机病毒、恶意程序的主要目的是破坏（如删除文件、拖慢网速、使主机崩溃、破坏分区等）,而不是窃取信息。其中病毒程序具有自我复制和传染能力,可以通过电子邮件、图片和视频、下载的软件、光盘等途径进行传播;而恶意程序一般不具有自我复制、感染能力等病毒特征。病毒或恶意程序就好比进入计算机中的"电子流氓",其破坏能力极具危害性。

5.系统扫描

实际上,系统扫描还不算是真正的攻击,而更像是攻击的前奏,指的是利用工具软件来探测目标网络或主机的过程。通过扫描过程,攻击者可以获取目标的系统类型、软件版本、端口开放情况,发现已知或潜在的漏洞。

攻击者可以根据扫描结果来决定下一步的行动,如选择哪种攻击方法、使用哪种软件等;防护者可以根据扫描结果采取相应的安全策略,封堵系统漏洞、加固系统和完善访问控制等。

6.网络钓鱼

攻击者通过论坛、QQ、电子邮件、短信、弹出广告等途径发送声称来自某银行、某购物网站或其他知名机构（如网监、公安等）的欺骗信息,引诱受害者访问伪造的网站,以便收集用户名、密码、信用卡资料等敏感信息。对于缺少安全经验的网民来说,钓鱼攻击很容易让人中招。

7.MITM

中间人攻击（MITM）是一种古老且至今依然生命力旺盛的攻击手段。MITM 就是攻击者伪装成用户,然后拦截其他计算机的网络通信数据,并进行数据篡改和窃取,而通信双方毫不知情。常用的中间人攻击方法有 ARP 欺骗、DNS 欺骗等。攻击者回复假的 MAC 地址信息，导致 Host3 无法与 Host1 通信。如果攻击者针对通信双方都进行 ARP 欺骗，并且从中截获数据，则构成中间人攻击。在这种方式中受害主机的通信基本不受影响，受害者往往不易察觉，因此 MITM 的危害更大。

（三）操作系统所面临的威胁

操作系统是整个系统管理和应用的基础，其地位举足轻重。操作系统的规模往往比较庞大，因此软件设计的漏洞总是存在，易被发现和利用，如果发现者为恶意用户，那后果将不堪设想。以下是几个针对操作系统的漏洞进行攻击的例子。

1.IPC$入侵

IPC$即"命名管道"，是 Windows 操作系统特有的一项管理功能，用来在两台计算机进程之间建立通信连接。通过这项功能，一些网络程序的数据交换可以建立在 IPC$上，实现远程访问和管理计算机。打个比方，IPC$就像是挖好的地道，通信程序通过这个地道访问目标主机。为了配合 IPC$共享工作，Windows 操作系统在安装完之后，自动设置共享的目录为磁盘 C 分区、磁盘 D 分区、ADMIN 目录等，这些共享是隐藏的，只有管理员能够对它们进行远程操作。通过 IPC$进行入侵的条件是已获得目标主机管理员的账号和密码，一旦获得了目标主机管理员的账号和密码，入侵者就可以使用 " netuse\\192.168.1.1\IPC$'password'/user:'administrator' " 这样的命令把远程主机 192.168.1.1 的磁盘 C 分区映射成本地的磁盘分区，从而在本地就可以方便地对远程主机执行任意操作。

2.Windows 内核消息处理本地缓冲区溢出漏洞

Windows 内核消息处理本地缓冲区溢出漏洞可能导致本地用户权限的提升。入侵者先以普通用户的身份交互登录到操作系统，然后植入专门的溢出工具，利用该漏洞进行权限的提升并使之拥有管理员的权限，从而达到完全控制系统的目的。除此之外，还有很多利用系统漏洞进行攻击的例子，在此不再一一列举。

（四）应用服务所面临的威胁

应用层面的服务是企业重点关注的对象，企业中最常使用的应用服务包括 Web 服务、电子邮件服务、数据库服务等。既然经常使用这些服务，就可能有针对这些服务的攻击，下面来看几个例子。

1.Web 服务

Web 服务是网络中最常见的服务之一，同时也是最受黑客关注的服务。其中的某些漏洞可以让攻击者获得系统管理员的权限进入站点内部。

2.数据库服务

目前，很多企业都采用 Microsoft SQL Server 作为数据库平台以存储重要数据。数据库超级管理员 sa 是不能够被删除或改名的，但有不少数据库管理员在设置 SQL Server 账户密码时，不设置 sa 口令或者设置得非常简单，这将导致数据库直接暴露在网络上。

3.电子邮件服务

企业内网用户常见的应用就是收发电子邮件。如果用户每天都收到很多电子广告、电子刊物、各种形式的电子宣传品或隐藏发件人身份、地址、标题等信息的电子邮件，就会干扰用户的正常工作，这类邮件统称为垃圾邮件。

通过以上的例子，我们可以看到无论哪种应用服务，只要提供给外部使用，都会存在一些漏洞，而这些漏洞一旦被怀有恶意的人所掌握，那么后果是很严重的。

（五）网络空间信息安全的保障重点

1.国家信息基础设施

国家信息基础设施最早由美国政府提出。1994 年 9 月，时任美国副总统的戈尔（Albert Arnold Gore Jr.）进一步提出建立全球信息基础设施的倡议，建议将各国的国家信息基础设施联结起来组成世界信息高速公路。相较于自然因素的不可预测，人为因素所造成的威胁更加复杂且影响深远。

2.现代工业控制系统

早期的工业控制系统通常是与外部系统保持物理隔离的封闭系统，其安全保障主要在组织内部展开，并不属于网络空间信息安全的保障范畴，随着信息化与工业化的深度融合以及物联网的快速发展，工业控制系统越来越多地采用通用协议、通用硬件和通用软件，且以各种方式与企业管理系统甚至互联网等公共网络连接，工业控制系统因此正面临黑客、病毒、木马等信息安全威胁。2010 年 10 月，针对伊朗核电站工业控制系统的"震网病毒"被发现，敲响了全球工业控制系统信息安全的警钟，围绕工业控制系统信息安全的保障成为全球信息安全的研究热点和保障重点。2011 年，我国下发了《关于加强工业控制系统信息安全管理的通知》，强调加强工业控制系统信息安全的重要性、紧迫性，要求各级政府和国有大型企业切实加强工业控制系统的信息安全保障，并明确了重点领域工业控制系统信息安全的管理要求，其中明确了与国计民生紧密相关的领域需要进行工业控制系统信息安全的保障，如核设施、钢铁、有色、化工、石油、电力、天然气、先进制造、水利枢纽、环境保护、铁路、城市轨道交通、民航、城市供水供气供热等领域。

3.国家基础性信息资源

国家基础性信息资源是对一国的经济社会发展和国家管理具有重要影响的基础性、基准性、标识性、稳定性、战略性的信息资源的集合。以我国为例，2012 年 5 月，中华人民共和国国家发展和改革委员会发布的《"十二五"国家政务信息化工程建设规划》中明确提出要深化国家基础性信息资源的开发利用，建设国家基础性信息资源库。具体建设内容包括五个方面：①人口信息资源库；②法人单位信息资源库；③空间地理信息资源库；④宏观经济信息资源库；⑤文化信息资源库。上述基础性信息资源库所包含的信息资源是国家重要的战略性信息资源，对其进行的开发、开放是推动政府和企业创新的关键，但与此同时，强化政府、企业、个人在网络经济活动中保护国家基础性信息资源的责任，依法规范各类企业、机构收集和利用上述信息资源的行为，也是各国保障国家基础性信息资源安全的基本共识。

4.金融信息系统

现代信息技术催生全新金融业态，金融信息系统成为联系国民经济各个领域的神经系统，作为数据密集、大型复杂、实时交互、高度机密的人机系统，金融信息系统安全是各类金融机构乃至国家经济发展和社会稳定的生命线。

金融信息系统的安全威胁主要表现在：①金融信息系统在采集、存储、传输和处理等方面的数据量大，业务复杂，人们对金融信息系统稳定运行的要求不断提高，业务连续性等成为衡量金融信息系统安全的重要指标；②金融信息系统日益开放互联，网上金融交易业务不断拓展，来自互联网等外部公共网络的攻击、病毒及非法入侵等安全威胁日益严峻；③金融信息资产的价值日益凸显，金融机构针对金融信息资源的开发力度不断加大，对用户信息安全构成威胁。

国内外金融信息系统安全保障的方法和手段趋同，银行、证券、保险等金融机构主要通过建立以等级保护、容灾、应急响应等为基础的信息保障体系实现金融信息系统的安全稳定。其中，在等级保护层面主要根据金融信息、资产的重要程度合理定级实施信息等级安全保护，在容灾层面主要通过建立同城或异地的数据备份中心予以实现，在应急响应层面则主要指建立并完善金融信息系统应急响应机制。

三、网络空间的构建及其现实效应

（一）网络空间的构建

1.网络空间的概念演进

随着人类生活与计算机网络系统的广泛融合，网络空间的概念一直处于演变之中。从狭义上理解，网络空间是一个由用户、信息、计算机（包括大型计算机、个人台式机、笔记本电脑、平板电脑、智能手机以及其他智能设备）、通信线路和设备、应用软件等基本要素构成的信息交互空间，这些要素的有机组合形成了物质层面的计算机网络、数字化的信息资源网络和虚拟的社会关系网络等三种意义不同但相互依附的巨大信息系统。真正的网络空间构筑始于 1969 年阿帕网的创立，但是那时的计算机应用还未普及，仅限于军事和科研领域。因此，吉布森小说中所描述的情境离人们的现实生活还相当遥远。直到 20 世纪 90 年代中后期，随着计算机及其网络技术的迅猛发展和普及，人们才意识到曾经的幻想已渐成现实。

2.全球网络空间的构建

网络节点、域名服务器、网络协议及网站等基本概念是解析网络空间架构的关键，它们不仅有助于我们理解复杂网络空间的基本架构和运行原理，而且是开展网络空间管理的重要抓手。

网络节点是网络空间中的基本单位，通常指网络中一个拥有唯一地址并具有数据传送和接收功能的设备或人，因此网络节点可以是各种形式的计算机、打印机、服务器、工作站、用户，而在物联网环境下它也可以是某个具体的物体（如汽车、冰箱等）。整个网络空间就是由许多的网络节点组成的。通信线路将各个网络节点连接起来，便形成了一定的几何关系，构成了以计算机为基础的拓扑网络空间。

（二）网络空间的现实效应

互联网是 20 世纪中后期全球军事战略、科技创新、文化需求等多种因素混合发展的产物。经过多年的发展，网络空间对现实世界各国的政治、经济、军事、社会、文化等无不具有广泛而深远的影响,它在一定程度上打破了传统主权国家发展和治理的边界,把全世界整合在一个共同的信息交流空间中,促使政府的运作方式、企业的经营模式、军队的作战手段以及人们的生活方式都在发生深刻的变革。

在国内政治方面,网络空间的形成和发展对于推动人类社会民主进程具有重大意义,并已发挥了显著效用。一方面,互联网极大地促进了公民的知情权、参与权、表达权和监督权等民主权利的实现;另一方面,互联网也是促使政治动荡的潜在威胁因素。传统意义上的国家一般通过对信息资源和传统媒体的控制维护政局、巩固统治,互联网的普及削弱了政府对信息传播的优势,尤其是网络空间发展到 2.0 阶段以后,互联网为普通民众提供了信息传播、政治参与、利益表达以及组织动员的便捷渠道。

在国际关系方面,网络空间使得国家主权和民族国家的概念出现不同程度的弱化,建立在民族国家意识形态基础上的爱国主义和文化归属感也受到了巨大的冲击,而全球合作的价值理念得到进一步彰显,基于全球网络空间的各国相互依存度大大增加。从总体来看,网络空间的发展总体上促进了各国国际关系的稳定,任何打破网络空间国家合作格局和发展均势的行为都可能在全球舆论上掀起轩然大波。

在经济发展方面,网络空间已成为人类经济活动的重要场域,各国经济发展开始转向以信息技术为主要推动力的信息经济增长模式。在全球网络空间中,商品、服务、资本和劳动力通过网络信息资源,跨越地域限制和时间差异在全球范围内自由流动。网络空间成为企业资源合理配置并开拓新兴市场不可或缺的平台。然而,网络空间为经济发展带来新机遇的同时,信息基础设施本身的脆弱性也给经济安全带来了一些新问题。屡屡发生的网络犯罪已给各国经济造成了巨大损失。

在思想文化领域,全球网络空间的发展使得文化从纵向传承转为横向拓展,为不同文化相互碰撞、冲突、融合、升华提供了重要契机。在全球网络空间中,人们的聚合方式突破了传统的地缘、血缘和业缘等限制,以不同的信息需求分类聚集成组群,其背后是全球思想观念和文化价值的重构。与此同时,网络空间的发展使得信息的产生和传播模式发生了深刻变化,每个用户既是信息的生产者也是信息的接收者,信息的传播由自上而下的模式转变为网状模式。

综上所述,网络空间为人类提供了全新的信息交流体验和社会交往方式,对人类社会的生产方式和社会关系的变化起到了巨大的推动作用,为各国政治、经济、文化等领域发展均带来了重大的现实影响。这种影响既有积极的一面,也有消极的一面。一个不争的事实是,网络空间的发展潮流不可阻挡,它是继陆地、海洋、天空、太空之外人类又一个赖以生存的空间，即"第五空间"，因此全面、科学地评估全球网络空间的发展现状，切实推动本国网络空间的安全和发展，对每个国家都具有极其重要的意义。

第二节　网络信息与对抗理论

一、信息安全与对抗发展历程

信息安全的发展历程从不同的角度分析会有不同的结果，但从整体上讲，信息安全的发展是从局部到整体、从微观到宏观、从静态到动态、从底层到顶层、从技术到组织管理的综合考虑的过程。

（一）信息安全阶段

20 世纪 60 年代之后，半导体和集成电路技术得到了迅速发展，与此同时也带动了计算机软硬件的发展。从此以后，对于计算机和网络技术的应用就逐渐实用化和规模化，人们也不仅仅只是关注计算机使用的安全性，同时还逐渐关注起了它的保密性、完整性以及可用性，这也就意味着，从此进入了信息安全阶段。

到了 20 世纪 80 年代，计算机的各方面性能都有了一个质的飞跃，所涉及的应用范围也在逐渐扩大，可以说，在世界的每个角落都得到了普及。这一阶段的首要任务就是保证计算机系统中硬件、软件以及其在对信息进行处理、存储和传输过程中的保密性。其中，信息的非授权访问是当时存在的一个最主要的安全威胁，针对这一威胁，人们采用安全操作系统的可信计算机技术来对计算机系统进行保护，但是这个技术却存在着一定的局限性，那就是没有超出保密性的范畴。

随着计算机病毒以及一些软件故障等一系列问题的频繁出现，仅仅是保密性已经远远无法满足人们对计算机安全的需求，于是便逐渐产生了一些新的需求，也就是对完整性和可用性的需求。20 世纪 90 年代初，通信和计算机技术呈现出了相互依存的状态，Internet 作为一种技术平台，已经进入了普通百姓家中，对于计算机安全的需求便逐渐扩展到了社会的各个领域，这也就使得人们将关注的重点转向了信息本身，"信息安全"这一概念也就由此产生。信息不管是在存储、处理还是在传输的过程中，都应确保其不被非法访问或更改，也就是说，要在确保合法用户得到应有服务的前提下，对非授权用户的服务进行限制，所采取的措施主要包括一些必要的检测、记录和抵御攻击等。

至此，人们对安全性的需求除保密性、完整性和可用性以外，还产生了一些新的需求，即可控性和不可否认性。在计算机安全逐渐向信息安全过渡的这个时期，密码学方面的公钥技术得到了迅速发展。其中，最为著名也是被广泛应用的即为 RSA 公开密钥密码算法，除此以外，人们对于完整性校验的 Hash 函数的研究和应用也越来越多。

为了奠定 21 世纪的分组密码算法基础，经过美国国家技术和标准研究所广泛和严谨的评审之后，AES 算法胜出。除加密算法之外，在这一阶段人们也研究了其他许多与信息安全相关的理论与技术。

虽然该阶段包括了计算机安全和信息安全两个不同方面的内容，但它们的区分并不明显，安全问题也主要集中在信息安全方面，因此可将其统称为信息安全阶段。

（二）信息安全保障

信息安全保障是信息安全发展的新阶段，要使我国的信息安全保障综合能力达到高水平，就必须强化对信息安全保障体系的建设。信息安全保障体系是实施信息安全保障的技术体系、组织管理体系和人才体系的有机结合，是一个复杂的社会系统工程，是信息社会国家安全的重要组成部分，是保证国家可持续发展的基础之一。

人们将信息系统的发展目标设定为其服务功能越全面、方便越好，在任何时间、地点都可以方便地获得和利用信息，其隐含的需求是要更多的自由和更多的普遍性，信息安全问题产生的根源在于事物的矛盾运动。

二、信息安全与对抗的基础层原理

（一）信息系统特殊性保持与攻击对抗原理

信息系统是由特定的"对象＋规则＋信息＋使用目的"等组成的。这组关系一旦发生变动和破坏，也就意味着系统服务的变动和破坏。因此，信息安全对抗中对抗双方围绕着系统特殊性的保持而展开对抗行动。

具体事物的存在等价于一种特殊的运动，可用一组特定的事物与环境相互作用的时空关系来进行表征，特殊性是事物存在的本质属性。在信息安全对抗领域，可以利用以上基本概念和原理，将其扩大延伸到系统层次（信息系统），给出特殊性的系统表达，再将自组织机理引入信息系统安全对抗过程中，形成对抗原理及对抗工作框架。

特殊性是事物的一种本质属性，是一组关系，但其本身也是事物，可以是特定的特殊性，也可以是具有不同共性的特殊性事物。特殊性可按能否更改来划分，例如，人的虹膜和基因是不能更改的，指纹虽不能改变但会随年龄增加而变得模糊。当然也可按某种物理、化学特征划分。关联到信息系统的服务，其服务类型、个体内容等种类差别很大，信息系统服务的特殊性需随其不同的服务而变化，这样就形成了因对抗需求而更改正常服务的特殊性。

在信息安全对抗领域，需要应用"特殊性存在和保持原理"，选择合适的特殊性以便在对抗环境中保持服务特殊性的存在并发挥作用，复杂事物多由各具特殊性的分事物整合形成其特殊性，在利用其特殊性时要特别注意。例如，某种疾病的诊断治疗往往需要正确获得和认识多种特殊性（信息），且缺一不可。

（二）信息安全与对抗信息存在相对真实性原理

由于事物存在于对应的某种运动过程中，而运动过程由众多相应运动状态序列组成，因此可以推出，原理上有事物存在必有相应信息存在。但在实际环境中，由于信息的获取、存储、传输、处理所形成的表达形式可能被改变或代替，因此真实信息并不易得到。

由此，这一原理提示人们注意，信息存在的相对性是影响信息安全的基本问题之一。伴随着运动状态的存在，必定存在相应的信息。同时，由于环境的复杂性，具体的信息可有多种表征形态，且只具有相对的真实性。

（三）广义时空维信息交织表征及测度有限原理

认识信息主要是认识信息的内涵，但因信息是客观存在的事物的运动状态的表征，信息种类非常多和复杂，而且会随运动动态变化，因此认识信息内涵进而进行有效表达以对其进行利用是非常重要的。

利用信息特征的测度表达，可以深刻地认识信息所表达的特殊性，进一步区别信息，在对抗环境下通过保持其特殊性，达到信息系统安全运行的目的。其前提条件是信息内涵的测度是有限的，否则难以准确表征。

（四）争夺制对抗信息权快速建立对策响应原理

对抗信息指下列两种信息：

第一，对抗双方任一方欲采取对抗行动所需的先验信息。

第二，对抗双方任一方采取对抗行动时必须具有的信息，也就是有行动就必须有信息，但根据"信息存在相对性原理"可以有意识地隐藏这种对抗信息，以避免暴露自己的行动。

对抗信息在时空域中存在时必须具有对立统一性质，如双方希望自己行动所形成的对抗信息能够对对方进行隐藏，但对方则希望破除隐藏而得到这些对抗信息，围绕对抗信息所展开的斗争是复杂的时空域的斗争，双方都力争尽早感知对抗信息并加以利用。

三、信息安全与对抗的层次

（一）物理层次

做好物理层次的网络防御要注意以下几点：

首先，在组网时，应对网络的结构和布线进行较为充分的考虑，同时还应谨慎选择路由器、网桥的位置，并对其进行合理的设置，对一些较为重要的网络设施进行加固，从而使它的防摧毁能力得到进一步增强。在与外部网络相连时，往往会利用防火墙对内部网络进行屏蔽，对外界访问进行身份验证和数据过滤，并对内部网络进行安全域划分和分级权限分配。

其次，过滤掉一些存在安全隐患的站点，将经常访问的站点做成镜像，这样做能够在很大程度上提高效率，减轻线路负担。

最后，进一步加强对场地的安全管理，主要包括供电、接地以及灭火等方面的管理，这一点与传统意义上的安全保卫工作相似度是非常高的。需要注意的是，网络中的任何一个节点都不能随意连接，必须有相对固定的连接节点，对于一些较为重要的部件，还应安排相关人员定期进行维护和看管，以防遭到破坏。

（二）信息层次

信息层次的信息对抗是通过病毒等攻击手段，攻破对方的信息网络系统，从而获取敏感信息。虽然这一层次基本上属于对系统的软破坏，但信息的泄露、篡改、丢失乃至网络的瘫痪同样会带来致命的后果。有时它也能引起对系统的硬破坏。这一层网络防御的主要手段应该是逻辑的而非物理的，也就是通过对系统软、硬件的逻辑结构进行设计，从技术体制上保证信息的安全。

（三）感知层次

在网络环境下，感知层次的信息对抗是网络空间中面向信息的超逻辑形式的对抗。这一层次的信息对抗主要采用非技术手段获取信息，如传播谣言、蛊惑人心、在股市中发表虚假信息欺骗大众等。

这一层次的网络防御，一是依靠物理层次和信息层次的防御，二是依靠网络反击和其他渠道反击。

四、信息安全与对抗的系统层原理

（一）争取局部主动原理

争取局部主动的措施主要包括以下几点：

第一，对于一些较为重要的信息进行隐藏。如在某个较为重要的时刻对一些重要节点信息的传输与交流过程进行安全状态控制，以保证信息不被泄露。

第二，对己方信息在对抗环境下可能遭受攻击的漏洞进行反复分析，并提前制订相应的补救方案。

第三，运行动态监控系统，对攻击信息进行迅速捕捉和分析，并采取科学有效的措施来抵抗攻击。

第四，除采取上述措施以外，还应同时进行综合运筹，以确保在对抗信息斗争的过程中掌握主动权。例如，如果采取措施的时间过早，则很有可能会打草惊蛇，从而暴露重要对抗信息。

第五，采用设置陷阱的方式，制造一些虚假信息，诱导攻击者发动攻击，进而将其灭杀，这也是一种较为常见的斗争办法。相反地，攻击方也可以采用将计就计的方法来进行斗争。

以上仅从原理上说明攻击者就攻击来说占据了主动地位，但这并不等于他们在对抗全局制胜方面也占主动地位。对抗制胜常指某一对抗过程获胜，即获胜致使过程结束。就攻防行动而言，防御方也非永远防御，而是常常进行反击行动。反其道而行之相反相成原理已包括了反击内容。在对抗过程中，双方常常攻防兼备，力争在对抗过程中获胜。

（二）综合运筹原理

对待信息安全功能应根据具体情况，科学处理、综合运筹，并置于恰当的范围内。更为重要的是，本原理提示人们，应将信息安全这一重要问题融入整个系统，利用系统理论及信息安全对抗原理综合运筹，恰当地在系统功能体系中妥善处理各分项"度"的相互关系，从而使信息系统的功能得到充分发挥，同时还能确保不发生大的功能失调。

（三）串行结构形成脆弱性原理

串行结构形成脆弱性在应用中主要包括以下两类情况：

一类是系统某项功能的实现是由一系列分功能来分别实现的，从而形成链式串行结构。

另一类情况是一种功能的实现是由一系列技术保障为前提的，而该系列技术保障又需延伸另外的技术保障进行保障，依此类推，直至不需特别关注的技术保障为止，由此也构成了链式串行结构。

任何技术都是相对有条件地发挥作用的，必依赖于其充要条件的建立，而充要条件再作为一个事物又依赖其所需充要条件的建立，从而形成条件递推转移的链式串行结构。链式串行结构具有的脆弱环节主宰全链安全性能。

为了最大限度地弥补本原理制约信息系统性能发挥的缺陷，应在系统结构上改变其依赖关键技术形成链式串行结构，并让其变为具有等价技术性能和不同充要条件的并行结构，但不能是简单的并行，以避免同等充要条件的技术并行，从而可以有效避免发生"一箭双雕"的情况。

（四）基于对称变换与不对称变换的信息对抗应用

变换可以指相互作用的变换，即事物属性的表征由一种方式向另一种方式转变，也可认为是关系间的变换，即变换关系。变换已知有许多种类，并在不断发展，一些常用的重要变换包括同态变换、同构变换、对称变换、不对称变换等。

对称的定义为某事物的某性质 A，对某基准 B 进行某种变换 C，如性质 A 经变换后不变化，则称性质 A 在变换 C 下对于基准 B 是对称的，并称 C 为关于性质 A 以 B 为基准的对称变换。性质 A 还被称为对 C（变换）的不变量，借助不变量概念可推行正向应用和反向应用。一种应用是，若已知 A 可寻求对 A 的对称变换（不变变换），则利用找出的对称变换可以排斥其他不具性质 A 的事物。另一种应用是，若先发现一个对称变换，则深层次一定存在一个"不变性"，如果尚未觉察则应努力查找发现。例如，一个圆形图形对于圆心做各种旋转，图形不变化，则称圆形图形对圆心而言是旋转对称的，椭圆只对长轴或短轴做 180° 翻转是对称的。

第三节 网络信息对抗过程与技术

一、对抗行为过程分析

（一）防御行为过程分析

单就防御来讲，相应于攻击行为过程，防御行为过程可分为三个阶段，如图 6-1 所示。

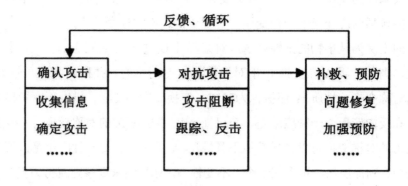

图 6-1　防御行为过程示意图

防御方应力争在最短的时间内确定攻击者以及他们所实施的攻击行为，这就要求防御方在平时就要对信息系统保持高度的警惕，对各种各样与攻击行为有关的信息进行收集，同时还应不断进行分析和判定。一旦系统发现了攻击行为，不管该破坏行为的破坏性是大还是小，防御方都必须立刻、果断地采取相应的行动来阻断攻击，如有必要，还应采取主动攻击的方式来进行反击。同时，还应对攻击行为所造成的破坏进行及时修复，特别是要对出现的漏洞和缺陷进行修补，以便使相关方面的预防得到进一步加强。除此之外，如果攻击造成的后果比较严重，则还应果断拿起法律武器来维护自己的权益。

（二）对抗过程"共道-逆道"模型

建立模型就相当于是建立了一种映射关系，换句话说，就是通过运动着的事物对信息以及本质特征进行掌握，从而建立起一种本质关系的映射。对于简单的事物来说，可以建立简单模型；对于复杂事物来说，其模型往往存在着多层次、多剖面的隶属关系，所以要根据特定的前提条件和目的建立多种模型。以下主要是通过分析信息攻击和防御过程，在系统层次的基础上建立起一种信息系统攻击与对抗过程的"共道-逆道"抽象模型，如图 6-2 所示。

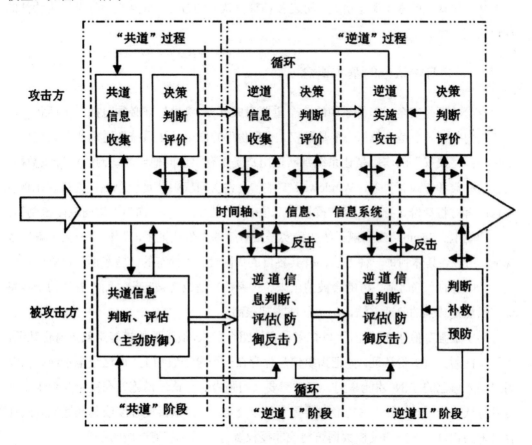

图 6-2　信息系统攻击与对抗过程"共道-逆道"模型

攻击和对抗可以被视为一个具体的过程，并将其置于准静态之中来进行分析和建模。对于一个具体攻击和对抗来说，属于连续之中的间断，也就是说，既有开始也有结束，对抗的方式和方法也各不相同，同时，还包括不同的子阶段，各子阶段之间有联系也有区别。之所以会这样，是因为双方都希望在最短的时间内让对方失败，从而可以结束这一过程，但是从整体上来看，信息系统的发展过程是比较矛盾的，并且它依然在不断地演化和发展。

二、身份认证技术

身份认证技术是一项重要的网络安全技术，可能会涉及每一个人，将会越来越重要。本节从身份认证的基本概念讲起，简述各种身份认证的方法，重点介绍基于生物特征的身份认证技术。

（一）身份认证的基本概念

身份认证是安全保障体系中的一个重要组成部分。身份认证必须包括以下两种可供验证的内容：一个是身份；一个是授权。"身份"的作用是让系统知道确实存在这样一个用户；"授权"的作用是让系统判断该用户是否有权访问他申请访问的资源或数据。授权的种类和方式有很多，Windows NT 中的文件访问权限就是一个绝佳的授权示例。注意：有时将身份、身份认证和授权这几项放在一起讨论，总称为"访问权限控制"。

智能卡、Secure ID 和电子纽扣确实是很有效的身份认证手段，但万一丢失就比较麻烦。所以，具体到每一种方法都有其各自的局限性，"拥有的一些东西"可能会被偷走；"知道的一些事情"可能会被猜出来、大家都知道或者被忘记；而"身体的一些特征"虽然是最强的验证方法，但实现成本却很高。

为了加强身份认证功能，可以把多种方法组合起来，最常见的措施是双重身份认证，还可以使用三重身份认证，如把指纹信息保存在一个电子纽扣上，而这个电子纽扣需要用户输入自己的 PIN 才能拿到。何时需要采用强力身份认证措施？在决定是否采用强力身份认证措施时，所考虑的最重要因素是以资金额、公众接受程度或其他适当方式计算出来的代价，即因非授权数据访问或非授权资源使用而可能造成的损失。

（二）身份认证的方法

身份认证的方法有许多种，不同方法适用于不同的环境，下面简介几种：

1.用户 ID 和口令字

用户 ID 和口令字的组合是一种最简单的身份认证方法，也是大家最熟悉的方法。除日常工作中需要记住用到的一大堆口令字以外，还有登录 ISP 要口令字、检查个人电子邮件账户要口令字、银行账户要口令字等。许多人认为口令字身份认证不够安全，但它却是一种很有效的手段。口令字身份认证的最大问题来自用户，总有人使用"坏"口令字。

下面对 NT 口令字的安全问题进行说明。许多专家坚持认为口令字的长度最少要有 8 个字符，但对 NT 来说，正好是 7 个或 14 个字符的口令字安全程度最强。这是因为把口令字保存到 SAM 文件里去的 LANMAN 算法在对口令字进行加密之前会按每 7 个字符一组的方式把它们分成几个小段。一个 10 个字符的口令字实际相当于 7 个字符再加上 3 个字符，那 3 个字符很容易被口令破解工具猜出来，而且说不定还会给如何破解剩下的那 7 个字符提供线索。非打印 ASCI 字符也能帮助加强 NT 口令字的安全性，有很多口令字破解程序不支持非打印字符。

对于暴力攻击、字典攻击、盗用、遗忘，口令字是很难抵抗或避免的。如果口令字验证过程本身就有弱点，再好的口令字也没有实际意义。如果应用程序是以明文（没有加密）的形式把口令字发往验证服务器的，则口令字无论是 257 个字符还是 2 个字符，通过一个网络嗅探器就可以窃听到。

2.数字证书

通常情况下，要想确认安全电子商务交易双方的身份，唯一的一个工具就是数字证书。并且，证书管理中心也为其做了数字签名，所以对于数字证书上的内容，任何第三方都不可能对证书的内容进行修改。同时，凡是持有信用卡的人，若想在网上参加安全电子商务的交易，必须做的一项内容就是申请相对应的数字证书。

用数字证书来进行身份认证就必须有公共密钥体系（PKI），但因为 PKI 的高成本和高复杂性，目前拥有它的企业或机构还不太多，大多数公司现在还不能把数字证书当成身份认证的办法。而那些已经使用数字证书的企业通常是用这些证书来验证进入"虚拟专用网"的用户身份的。

数字证书经常与智能卡或电子纽扣联合使用，这类组合既具有物理安全性，又能满足移动办公的要求。用数字证书来进行身份认证虽然提高了防护水平，但因此也增加了成本。

3.Secure ID

Secure ID 是安全动态公司开发出来的技术，后被 RSA 收购。Secure ID 已经成为令牌身份认证事实上的标准。许多应用软件都能配置成支持 Secure ID 作为身份认证手段的模式。与时间变化同步的 Secure ID 卡上有一个显示着一串数字的液晶屏幕，数字每分钟变化一次。用户在登录时先输入自己的用户名，然后输入卡牌上显示的数字。主机系统当然知道该用户在这一时刻登录应该输入哪些数字。如果数字正确，用户就能进入系统访问资源了。

采用 Secure ID 作为身份认证办法有这样一个弊端：无论使用什么样的身份认证装置，用户都必须做到随身携带，而用户经常会忘记带这些装置，这样就进不了系统。此外，身份认证装置和 ACE Server 也可能出现不同步的现象。出现这种情况时，必须立刻有一个系统管理员去重置 ACE Server。如果系统管理员不能及时赶到，用户就不能登录。

（三）生物特征身份认证与识别

传统的身份认证方法非常容易被窃取和伪造，一旦身份标识物品或者密码被窃，将造成很大的损失。针对这种情况，一种以防伪为特征的高新技术——生物特征身份认证技术便产生了。下面介绍几种基于生物特征的身份认证技术。

1.指纹识别技术

不同手指的指纹纹脊的式样不同和指纹纹脊的式样终生不变是使用指纹进行身份认证得以成立的两个重要特性。开始于 20 世纪 60 年代的自动指纹识别系统，是目前生物特征识别技术中最为成熟的身份认证手段，现有的指纹自动识别系统已经进入了操作方便、准确可靠、价格适中的实用阶段。

2.虹膜识别技术

由于胚胎发育的环境存在着差异，所以世界上的每个人所具有的虹膜信息都会存在着一些细微的差别，这些细微的特征信息即为虹膜的纹理信息。与指纹等生物特征相比，虹膜所具有的生物特征更加稳定和可靠。并且，因为虹膜是眼睛的外在组成部分，这也就使得使用者在通过虹膜来鉴定身份的过程中，并不需要直接接触身份鉴别系统。这种唯一性、稳定性和非侵犯性，是虹膜识别技术在未来具有广泛应用前景的一个重要原因。

3.面相识别技术

面相识别由于具有无须特殊的采集设备、系统成本相对低、不干扰使用者、不侵犯使用者的隐私权等特点，成为目前实际使用的广泛程度仅次于指纹识别的生物特征手段。

4.声纹识别技术

声纹识别系统主要包括特征提取和模式匹配两部分，如图 6-3 所示。

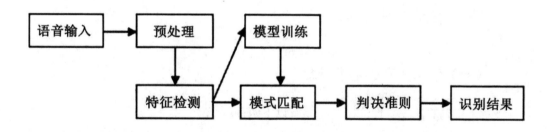

图 6-3 声纹识别系统

（1）特征提取。这一部分的主要任务就是选取唯一表现说话人身份的有效且稳定可靠的特征。

（2）模式匹配。这一部分的主要任务就是对训练和识别时的特征模式进行相似性的匹配。

5.远距离步态识别

与其他生物识别系统不同，远距离步态识别很容易就能在远距离进行捕获，并不需要使用者近距离或者直接接触。这种识别方式通常被用在银行、机场、军事基地等安全敏感的场所，以便进行较大范围的视觉监控。步态识别的一般框架如图 6-4 所示。

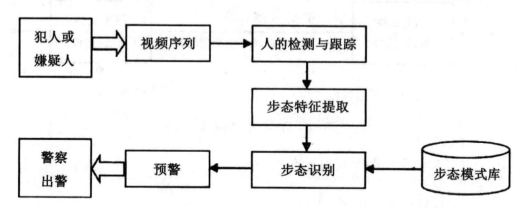

图 6-4 步态识别框架

三、信息加密技术

（一）信息加密的基本概念

对于密码算法安全性的研究主要有以下两种：

第一，信息论方法研究的是破译者是否具有足够的信息量去破译密钥系统，侧重理论安全性。

第二，计算机复杂性理论研究的是破译者是否具有足够的时间和存储空间去破译密钥和明文，主要依靠两个方面：一方面是明文信息之间的相关特性和冗余度；另一方面是密码体制本身，即密文与明文之间的相关度。密码设计与破译分析之间的对抗、竞争是现代密码学研究和发展的推动力。

信息加密指通过使用密钥进行加密变换，将信息变为密文而防止信息泄露。合法用户接收到密文后，利用解密密钥将密文恢复为明文。其原理过程如图 6-5 所示。

图 6-5 信息加密、解密基本原理

（二）信息加密原理与标准

1.对称密钥加密体制

对称密钥加密体制（又称为私钥加密体制）指在加密过程中，对信息的加密和解密都使用相同的密钥，如图 6-6 所示。

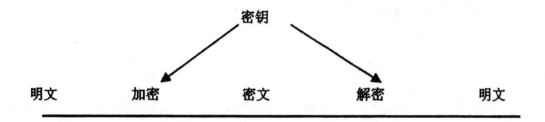

图 6-6　对称密钥加密体制

对称密钥加密体制主要包括以下两种：分组密码和序列密码。其中序列密码又是由密钥和密码算法组成，相比于分组密码，它的运算速度要更快一些，安全性也相对较高。下面主要对以下几种常见算法进行介绍：

（1）DES 算法。在 DES 算法中，数据以 64 bit 分组进行加密，密钥长度为 56 bit。加密算法经过一系列的步骤把 64 bit 的输入变换成 64 bit 的输出，解密过程中使用同样的步骤和同样的密钥。

（2）IDEA 算法。IDEA 算法的前身是詹姆斯·梅西（James Massey）完成于 1990 年，被称为 PS 的算法。1991 年，经比哈姆和沙米尔的差分密钥分析之后，强化了算法抵御攻击的能力，这个算法被称为 IES，IES 在 1992 年被命名为 IDEA，即国际数据加密算法。IDEA 算法被公认为目前为止最安全的分组密码算法。它被认为仅循环四次就可以抵御差分密码分析，按照比哈姆的观点，相关密钥密码分析对 IDEA 也不起作用。由于随机选择密钥产生一个弱密钥的概率很低，所以随机选择密钥基本没有危险。

2.非对称密钥加密体制

在加密的过程中，密钥被分解为一对，这对密钥即为非对称加密密钥，也称为公开加密密钥。这种密钥的任何一把都能通过非保密的方式作为公开密钥进行公开，剩下的一把则必须作为私有密钥来进行保存。公开密钥用于对信息的加密，私有密钥则用于对加密信息的解密。其模型如图 6-7 所示。

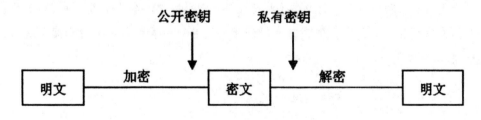

图 6-7　非对称密钥加密体制

四、物理隔离技术

（一）基本概念及原理

物理隔离技术彻底避开了采用判定逻辑方法存在的问题，它是从硬件层面来解决网络的安全问题的，因此是解决网络安全问题的全新思路。物理隔离技术的研究目标是在保证隔离的前提下解决以下两个问题：首先，如何能够让内部网用户安全地访问外部网，这个问题的解决就是采用物理隔离系列产品，即客户端隔离技术；其次，如何让两个网络之间进行必要的信息交换，这个问题的解决就是采用安全网闸系列产品，即服务端隔离技术。

物理隔离就是将待保护的信息系统与其他系统从物理上隔离开来，在信息网络上的具体应用：一种方法是将其物理连接隔离，另一种方法是将信息从物理空间上进行隔离。但这种隔离对于绝对封闭的系统是没有意义的，故这种安全措施的有效方法是既有隔离又有连接。具体体现在计算机网络上就是一方面实现网线的物理隔离，另一方面实现存储介质上信息的物理隔离。如图 6-8 所示为物理隔离基本原理图。

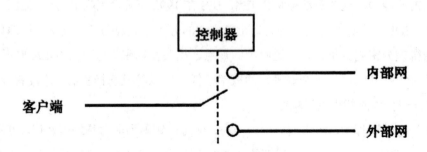

图 6-8　物理隔离基本原理图

此外，物理隔离方法还需要处理内部网和外部网的信息交流问题，目前一般采用信息交流服务器来解决，信息交流系统原理如图 6-9 所示。A 网和 B 网是通过信息交流系统来传递信息的，信息交流系统与 A 网连接时与 B 网完全断开，信息交流系统与 B 网连接时与 A 网完全断开。

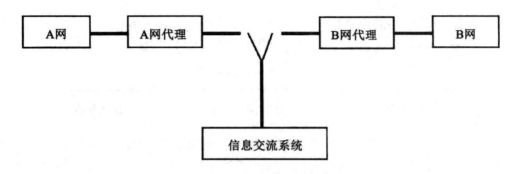

图 6-9 信息交流系统原理图

（二）物理隔离方法的安全性分析

1.技术方面

从技术上讲，物理隔离方法解决了信息网络物理层面（通信链路）和信息层面（信息存储介质）的空间阻断。这种以物理链路层为基础的通断控制方法，很好地阻断了内部网和外部网的网络物理连接，任何攻击行为都无法通过这种连接进入系统，这样的网络安全比软件方式的保证更加有效，比防范性、检测性的安全策略更可靠，更值得信赖。这样的方式能够有效做到以不变应万变，并能从物理层空间上把攻击阻挡在外面，具有较高的安全性，较高程度地保证了内部信息网络的安全性。

2.理论方面

从理论上来看，物理隔离方法实现了对信息空间和时间的阻断，在信息安全与对抗核心链中达到了本身所具有的特殊性（个性），反其道而行，创造了与攻击行为的非对称性（与外网连接时无法与内网建立信息连接），从而间接地实现了对自我信息的隐藏。

五、虚拟专用网技术

（一）虚拟专用网络（VPN）的结构

VPN 主要有以下两种结构：

第一，网络与网络之间通过 VPN 互联，示意图如图 6-10 所示。这种结构的 VPN 适于在企业分支机构之间、政府机关之间或 ISP 之间构建。

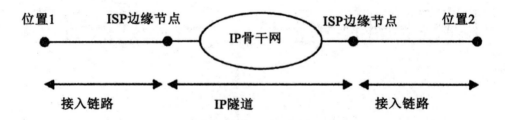

图 6-10　网络与网络之间通过 VPN 互联的示意图

第二，主机与网络之间通过 VPN 互联，示意图如图 6-11 所示。这种结构适于普通拨号用户或企业员工通过 PSTN 或 ISDN 线路拨号接入 VPN 的情况。

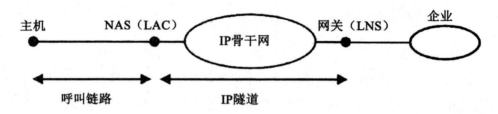

图 6-11　主机与网络之间通过 VPN 互联的示意图

（二）VPN 的关键技术

1.安全隧道技术

对原始信息进行加密和协议封装处理之后，嵌套装入另一种协议的数据包送入安全隧道，让其能够和普通数据包一样进行传输。在经过以上处理之后，隧道中的嵌套信息就只能被源端和目标端的用户解释和处理，但是对于其他用户来说，它只是一些没有任何意义的信息而已。

2.用户认证技术

应在确认了用户的身份之后，才能开始正式的隧道连接，以便系统进一步实施资源访问控制或用户授权。

用户认证这一功能具体来说就是数据完整性验证功能的一种延伸。如果一方不希望验证秘密被传送到网络上，但又想要对对方进行验证，这个时候，一方就可以先发送一个随机报文给对方，对方在发回时，要将连接上报文摘要的秘密信息一同发回。这时，接收方就可以通过对发回摘要的正确性进行验证，从而确定发送方有没有秘密信息，完成对对方的验证。

3.访问控制技术

由 VPN 服务的提供者与最终网络信息资源的提供者协商确定特定用户对特定资源的访问权限,以此实现基于用户的访问控制,以实现对信息资源的最大限度的保护。

六、灾难恢复技术

(一)系统容错

系统容错指系统在某一部件发生故障时仍能不停机地继续工作和运行,这种容错能力是通过相应的硬件和软件措施来保证的,可以在应用级、系统级以及部件级实现,其实现主要取决于容错对象对系统影响的重要程度。

系统容错属于系统可靠性措施,似乎与网络安全关系不大,其实则不然。系统故障可以分成硬故障和软故障。硬故障指因机械和电路部件发生故障而引起系统失效,一般通过更换硬件的方法来解决。软故障指因数据丢失或程序异常而引起系统失效,一般通过恢复数据或程序的方法来解决。

(二)集群系统

集群系统是一种由多台独立的计算机相互连接而成的并行计算机系统,作为单一的高性能服务器或计算机系统来应用。集群系统的核心技术是负载平衡和系统容错,主要目的是提高系统的性能和可用性,为客户提供 24 h 不停机的高质量服务。与容错系统相比,集群系统不仅具有更强的系统容错功能,并且具有负载平衡功能。

1.集群系统组成方式

集群系统主要有两种组成方式:一是使用局域网技术将多台计算机连接成一个专用网络,由集群软件管理该网络中的各个节点,节点的加入和删除对用户完全透明;二是使用对称多处理器构成的多处理机系统,各个处理器之间通过高速 I/O 通道进行通信,数据交换速度较快,但可伸缩性较差。不论哪种组成方式,对于客户应用来说,集群系统都是单一的计算机系统。

2.高可用性

在集群系统中，负载平衡功能将客户请求均匀地分配到多台服务器上进行处理和响应，由于每台服务器只处理一部分客户请求，加快了整个系统的处理速度，从而提高了整个系统的吞吐能力。同时，系统容错功能将周期地检测集群系统中各个服务器的工作状态，当发现某一服务器出现故障时，立即将该服务器挂起，不再分配客户请求，将负载转嫁给其他服务器分担，并向系统管理人员发出警报。可见，集群系统通过负载平衡和系统容错功能为用户提供了高可用性。

可用性指的是一个计算机系统在使用过程中所能提供的所有可用能力，通常是用总的运行时间与平均无故障时间的百分比来表示。所谓高可用性，指系统的可用性为99%以上。高可用性一般采用硬件冗余和软件容错等方法来实现。集群系统将硬件冗余和软件容错进行有机结合，即使是一般集群系统的可用性都可以为99.4%～99.9%，有些集群系统的可用性甚至可以为99.99%。

3.高容灾性

高容灾性指在高可用性的基础上提供更高的可用性和抗灾能力。具有高可用性集群系统的计算机一般放置在同一个地理位置上或一个机房里，这就使得计算机之间分布距离非常有限。具有高容灾性集群系统的计算机一般放置在不同的地理位置上或至少两个机房里，计算机之间分布距离较远，如两个机房之间的距离可以达到几百千米或者上千千米。一旦出现天灾人祸等灾难时，处于不同地理位置的集群系统之间可以互为容灾，从而保证了整个网络系统的正常运行。高可用性集群系统的投入比较适中，容易被用户接受。而高容灾性集群系统的投入非常大，立足于长远的战略目的，一些发达国家比较重视对高容灾性集群系统的投资。

目前，很多的网络服务系统，如 Web 服务器、E-mail 服务器、数据库服务器等都广泛采用了集群技术，使得这些网络服务系统的性能和可用性有了很大的提高。在网络安全领域中，集群技术可作为一种灾难恢复手段来应用。

（三）网络附属存储

网络附属存储（network attached storage, NAS）技术是网络计算模式从"分布式计算、分布式存储"模式发展到"分布式计算、集中式存储"模式的关键。它有利于提高网络工作效率，降低海量存储设备价格，受到了各家存储厂商的重视，使得他们在市场上不断地推出高性能的 NAS 产品。

NAS 服务器主要有以下两种应用模式：

一是作为文件服务器，与传统文件服务器相比，这种文件服务器的性能更高，连接更方便。

二是作为 Web、E-mail 等系统的后端存储器，允许客户使用 HTTP、FTP、NFS 和 CIFS 等多种协议存取 NAS 服务器中的文件。

基于 NAS 的灾难恢复系统（NDRS）建立在先进的网络计算模型"分布式计算、集中式存储"的基础上。它主要是将网络服务和网络存储分离开来，从而形成以下两个相对独立的网络：第一，服务器网络；第二，存储网络。这两个相对独立的网络在保护系统和数据时往往会采用不同的技术手段，从而使整个系统的网络灾难容忍能力和执行效率得到进一步的提升。NDRS 网络体系结构如图 6-12 所示。

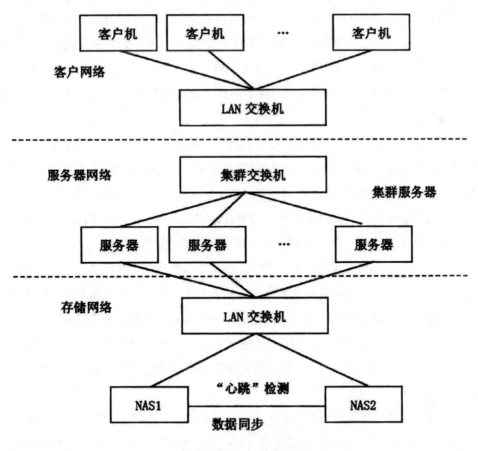

图 6-12　NDRS 网络体系结构

从网络体系结构上，NDRS 将整个网络系统分成以下三个部分：①客户网络，由客户机、LAN 交换机或 WAN 链路组成，用于连接客户机和用户接入；②服务器网络，由集群交换机和服务器群组成，基于集群技术构成一个高可用和高性能的网络服务环境；③存储网络，由 LAN 交换机和存储服务器组成，用于提供网络存储服务和数据容灾服务。

网络系统是通过系统计算资源提供网络服务的。它所面临的安全风险是因黑客攻击和系统故障而引起的服务中断和系统崩溃，其保护对象是服务器系统及其计算资源。在 NDRS 中，通过集群交换机所提供的流量过滤、DoS 攻击防护、负载均衡和故障管理等功能建立起高安全性、高可用性的高性能网络服务环境，使网络服务系统能够安全和可靠地运行，并具备很强的系统容灾能力。

所谓集群交换机，是一种集流量过滤、负载均衡、故障管理和网络交换于一体的高层交换机。网络存储通过网络存储资源提供网络数据存储服务，它所面临的安全风险是因黑客攻击、网络病毒和系统故障而引起的数据丢失、破坏和篡改等，其保护对象是网络存储器及其数据资源。在 NDRS 中用系统故障监控与恢复、实时数据备份与恢复、数据访问认证与保护等方法对网络数据实施有效的保护，使系统具备很强的数据容灾能力。

为了解决 NAS 服务器容错和数据保护问题，系统使用了两个 NAS 服务器，它们之间通过一个传输速率为 100 Mbit/s 的链路或高速光纤链路相互连接，用于"心跳"检测和数据同步。同时，每个 NAS 服务器都连接到网络上，一个是工作机，另一个是备份机。工作机和备份机通过协同工作实现系统容错和数据保护。当工作机或备份机检测到对方的状态发生改变时，都会根据不同的情况进行相应的操作。

系统采用增量备份方式进行数据同步，当工作机接收到数据写入请求时，将数据写入本地磁盘的同时，通过同步线将数据发送给备份机。备份机接收数据后，需要验证数据写入权限，检查该数据是否将写入只读文件中。若是，则发出警告信息，并将数据存放到一个临时文件中。发生这种情况有两种可能：一是管理员主动修改了只读文件；二是黑客企图篡改只读文件。因此，通过发出警告信息由管理员进行确认，以防止黑客对数据文件进行修改。

工作机与备份机之间可以通过 100 Mbit/s 本地链路进行近程连接，连接距离为 100 m，其工作模式是容错模式。两者还可以通过光纤链路进行远程连接，最大连接距离为 10 km，其工作模式是容灾模式，即当备份机检测到工作机出现故障时，只能发出警告信息，但不能接管工作机的工作。

　　NDRS 是一种基于先进网络计算模型的网络容灾技术，将网络服务和网络存储分离开，采用不同的技术来解决各自的灾难恢复问题，针对性强、容灾效果好。由于 NAS 服务器的价格较低，因此整个系统具有很高的性能价格比。

第七章　计算机网络信息安全与防护策略

第一节　计算机网络信息安全中的数据加密技术

一、计算机网络安全的重要性

现如今，随着科学技术的不断发展，计算机网络在我国的普及范围越来越广，它给人们的日常工作、学习和生活带来了诸多的便利。然而，计算机网络的安全性问题也随之出现，并引起了人们高度的关注。据不完全统计，计算机网络的安全性不足致使个人信息、企业数据泄露的情况时有发生，并且在最近几年里这种情况呈现出增长的态势，如果不加以控制，则会对计算机网络的发展带来不利的影响。

通过研究发现，造成计算机网络信息泄露的主要因素有以下几种：①非法窃取信息。数据在计算机网络中进行传输时，网关或路由是较为薄弱的节点，黑客通过一些程序能够从该节点处截获传输的数据，若是未对数据进行加密，则会导致其中的信息泄露。②对信息进行恶意修改。对于在计算机网络上传输的数据信息而言，如果传输前没有采用相关的数据加密技术使数据从明文变成密文，那么一旦这些数据被截获，就可对数据内容进行修改，经过修改之后的数据再传给接收者之后，接收者无法从中读取出原有的信息，由此可能会造成无法预估的后果。③故意对信息进行破坏。当一些没有获得授权的用户以非法的途径进入用户的系统中后，可对未加密的信息进行破坏，由此会给用户造成严重的影响。为确保计算机网络数据传输的安全性，就必须对重要的数据信息进行加密处理，这样可以使信息安全获得有效保障。可见，在计算机网络普及的今天，应用数据加密技术对于确保计算机网络的安全显得尤为重要。

二、影响计算机网络安全的因素

（一）计算机网络操作系统的安全隐患

计算机操作系统是整个计算机系统运行的核心部分，也是影响计算机网络安全的重要因素之一，每项程序开始运行前都需要通过操作系统的处理，而一旦操作系统出现故障就会影响到整个计算机中程序的正常运行。在现实生活中，许多黑客等不法分子常常会利用计算机网络操作系统的漏洞，如 CPU、硬盘等的漏洞，侵入计算机系统中，在控制计算机运行的同时，窃取和篡改其中的数据信息，还会对操作系统实行一定的破坏手段，让用户的计算机无法继续正常工作。在此过程中，不法分子还会利用一些病毒软件等干扰和窥视数据信息的传输，造成信息内容的丢失并获取用户的重要信息，常给用户带来不同程度的损失。因此，为增强计算机网络的安全，就需要用户谨慎使用相关程序软件，优化操作系统的配置，避免给不法分子可乘之机。

（二）数据库系统管理的安全隐患

现今，许多用户十分重视自身计算机网络的安全，并常运用不同的数据加密技术来增强其安全性。但由于计算机数据库系统在数据的处理方面具有独特的方式，其本身又存在一定的安全隐患，进而加大了计算机网络运行的不安全性。同时，数据库系统是按照分级管理制度进行的，一旦数据库本身出现问题就会直接影响计算机的正常运行，用户将无法顺利开展计算机活动。这是生活中导致出现计算机网络安全事故的重要因素之一，严重时会给用户带来较大的损失。

（三）计算机网络应用的安全隐患

如今，网络的便利性已渗透到各个领域中，用户可以利用手机、计算机等在网络上查询、传播和下载所需的数据信息。但在使用过程中，由于网络平台具有开放性特征，而网络环境又缺乏规范有效的法律法规的约束，所以计算机网络常常出现不同的安全隐患。生活中许多用户在利用网络开展计算机活动时，常常会受到一些不明的攻击，导致用户的活动难以顺利进行。同时，一些不法分子也会根据计算机协议中的漏洞破坏计算机网络的安全，例如在用户注册 IP 时进行侵入，并打破用户权限，进而获取用户计算机中的相关数据信息。

三、数据加密技术的种类

（一）节点加密技术

为数据进行加密的目的实际上是确保网络当中信息传播不受损害，而在数据加密技术不断发展的过程中，此项技术的种类逐步增多，为计算机网络安全的维护工作带来了极大的便利。节点加密技术就是数据加密技术当中的一种常见类型，在目前的网络安全运行方面有着十分广泛的应用，使得信息数据的传播工作变得更加便利，同时数据传递的质量和成效也得到了安全保障。节点加密技术属于计算机网络安全当中的基础技术类型，给各项网络信息的传递打下了坚实的安全根基。其最为突出的应用优势是成本低，能够让资金存在一定限制的使用者享受到资金方面的便利性。

节点加密技术强化计算机网络安全的功能需要利用加密数据传输线路，虽然可以为信息传输提供安全保障，但是其不足之处也是比较明显的，信息接收者只能通过节点加密方式来获取信息，这比较容易受到外部环境的影响，导致信息数据传输的安全风险依然存在。此外，传输数据过程当中会有数据丢失等问题的产生，所以在今后的技术发展当中还要对此项技术进行不断的优化，消除技术漏洞，解决数据丢失等的问题。

（二）链路加密技术

链路加密技术指的是详细划分数据信息传输路线进行有针对性的加密处理，采用密文方式进行数据传输的技术。这项加密技术在计算机网络安全当中同样有着广泛的应用，该技术在应用中的突出优势，主要表现在能够在加密节点的同时对网络信息数据展开二次加密处理。这样就建立起了双重保障，也确保了数据的完整性。链路加密技术在计算机网络安全中的应用也比较广泛，它能有效防止黑客入侵窃取信息，极大增强了计算机系统的防护能力，而且链路加密技术能起到填充数据信息以及改造传输路径长度的重要作用。

我们在看到链路加密技术突出优势的同时，也要看到它的不足。在不同的加密阶段，运用的密钥也有所差异，因此在解密数据的过程当中必须应用到差异化的密钥来完成解密，在解密完成之后才能够让人们阅读完整准确的数据信息。而这样的一系列操作过程会让数据解密工作变得更加的复杂，增加了工作量，让数据传递的效率受到严重的影响。

（三）端到端加密技术

这项加密技术是数据加密技术当中极具代表性的一项技术类型，也是目前应用相当广泛的技术，其优势是较为明显的。端到端加密技术指的是从数据传输开始一直到结束都实现均匀加密，这样大大提升了各项数据信息的安全度，也有效避免了病毒、黑客等的攻击。端到端加密技术能极大增强数据信息的独立性，某一条传输线路出现了问题并不会影响到其他线路的正常运行，从而保持计算机网络系统数据传输的完整性，有效减少了系统的投入成本。

从对这一加密技术的概念确定上就可以看到，端到端加密技术比链路加密技术更完善，加密程度也有了较大提高。端到端加密技术的成本不高，但是发挥出的加密效果是相当突出的，可以说有着极大的性价比，因而在目前的计算机网络安全当中应用十分广泛，为人们维护数据信息安全创造了有利条件。

四、数据加密技术在计算机网络安全中的运用

随着科技的发展，如今数据加密技术也在不断改进，其种类和功能逐渐多样化，如数据传输和存储加密技术、数据鉴别技术等。数据加密技术主要是由明文、密文、算法和密钥构成的，在计算机网络安全中具有极高的应用价值，也是目前应用较为广泛的一种技术。该项技术主要利用密码算法对网络中传输的信息数据实行加密处理，同时还会利用密钥将同一种信息转变为不同的内容，进而保障信息传输的安全。在实际的运用中，其加密方式主要有链路加密、节点加密以及不同服务器端口之间的加密等。在互联网金融迅速发展的当下，网络金融交易方式非常火爆，人们常通过网络进行网上交易、支付等。但计算机网络安全隐患的加剧以及一些网络诈骗事件的曝出，导致计算机网络中的互联网金融系统的安全问题引起了社会热议，同时也使得人们不断提高了对其安全性的

要求。在此形势下，数据加密技术在银行等金融机构的互联网金融系统中得到了广泛应用，并将该项技术与自身的计算机网络系统紧密结合起来，形成了具有强大防护功能的防火墙系统，进而在网络交易系统运行过程中，传输的相关数据信息会在防火墙系统中进行运作，随后再将其传输到计算机的网络加密安全设施中，该设施会对数字加密系统进行安全检查，并能够及时发现计算机网络中的安全隐患，再利用防火墙系统的拦截功能，有效保障交易的安全，从而顺利完成网上交易。

（一）数据加密技术在电子商务中的应用

在计算机网络的迅猛发展环境下，我国的商业贸易对计算机网络的应用不断地扩大，进而也促进了电子商务的产生和发展。而在发展电子商务的过程中，网络安全问题成为人们重点关注的一项内容。因为电子商务发展当中产生的数据信息需要进行高度保密，这些信息是企业和个人的关键数据，有着极大的价值，如果被他人盗用或者是出现泄露，就会影响到个人以及企业的权益。数据加密技术为电子商务的安全健康发展提供了重要路径，同时也在数据保护方面增加了力度。具体而言，在电子商务的交易活动当中可以通过应用数据加密技术做好用户身份验证和个人数据保护，尤其是要保护个人的财产安全，构建多重检验屏障，让用户在安全的环境下购物。比方说，在网络中心安全保障方面，可以在数据加密技术的支持之下加强对网络协议的加密，在安全保密的环境之下完成网络交易，保障交易双方的切身利益。

（二）数据加密技术在计算机软件中的应用

虽然在计算机软件的持续运行当中，受到病毒、黑客等入侵的事件时有发生，严重威胁到了计算机软件的使用安全，也让人们受到了极大的安全威胁。在这样的条件下，必须做好计算机软件的保护工作，选用恰当的数据加密技术维护软件应用的安全。在维护计算机软件的安全方面，数据加密技术的作用通常体现在以下几个方面：①非用户在开始用计算机软件时如果没有输入正确的密码，就不能够对软件进行运行，这样非用户想要获得软件当中的数据信息就不能够实现；②在病毒入侵时，很多运用了加密技术的防御软件会及时发现病毒，并对其进行全面阻止，阻挡病毒发生作用；③用户在检查程序和加密软件的过程中如果能够及时发现病毒，就要立即对其进行处理，避免病毒长期隐藏，威胁个人数据信息的安全。

（三）数据加密技术在局域网中的应用

就目前而言，企业在运行发展当中对于数据加密技术的应用十分广泛，主要目的是维护企业运行安全，避免重要信息泄露，维护企业的利益。有很多企业为了在管理方面更加方便快捷，会在企业内部专门设立局域网，以便能够更加高效地进行资料的传播以及会议的组织等。将数据加密技术应用到局域网当中是维护计算机网络安全的重要内容，也是企业健康发展不可或缺的条件。数据加密技术在局域网当中发挥作用通常会体现在发送者在发送数据信息的同时会把这些信息自动保存在企业路由器当中。其中企业路由器通常有着较为完善的加密功能，于是就能够对文件进行加密传递，而在到达之后又能够自动解密，消除信息泄露的风险。所以，企业要想推动自身的长远发展，保障自身利益不受侵害，提高企业的竞争力水平，就要加大对数据加密技术的研究和开发力度，对此项技术进行大范围的推广应用，使其在局域网当中的效用得到进一步提升。

目前，现代科技正在迅猛发展，科技创新力度逐步增强，而大量的科技成果也开始广泛应用到人们的生产生活当中，让人们的交流更加便利，也让生产活动的展开更加顺畅。我们在看到现代科技带来的喜人成果时，也要认识到它给人类带来的威胁，特别是数据信息的安全威胁。在计算机网络的普及应用和发展进程中，数据信息数量增多，而安全性受到了极大的挑战。针对这一问题，我们要进一步加大数据加密技术的研究，对数据加密技术进行不断的优化，并将其扩展应用到计算机网络安全的各个方面，净化网络系统，让计算机网络的作用得到最大化的体现。

第二节　计算机网络信息安全防护策略探讨

一、提高网络信息风险意识

风险意识就是个体对于风险的认识程度。学习科学的风险文化，提升社会对风险的认识水平，是维持社会健康持续发展的重要基石。在思想层面上，要用科学的知识了解风险。只有认识到风险现象的普遍性，我们才会在网络安全事件面前沉着冷静，有条不紊。

（一）加强通识教育

1.教育部门要加强网络安全教育活动

教育部门是教育的主要阵地，社会各界尤其是学校更要将风险意识教育活动作为一种常态化工作来推进。要将网络安全教育纳入学校课程体系，增强学生的安全意识和网络安全操作技能；经常组织相关专家和学者开展网络信息安全知识讲座，了解最新的网络信息泄露形式和网络信息安全侵权事件，提高学生抵御网络信息安全风险的水平；组织网络信息安全技能大赛，增强风险安全意识和技能。

2.增强网络使用者的应对能力

网络使用者自身是网络信息的第一道"防火墙"，网络信息技术的持续稳定发展离不开网络使用者网络信息安全应对能力的增强。因此，唯有切实增强使用者维护信息安全的专业能力，构筑坚实的"防火墙"，才能有条不紊地处理好信息安全事件。公众要广泛了解信息安全事件的攻击形式，学会重要的信息安全应对措施，比如：经常清理Cookies，禁止不明链接访问等，利用先进的互联网技术保护网络信息的安全；定期进行杀毒，对安全防护软件进行升级，减少网络病毒和黑客的攻击；了解新型的网络病毒攻击形式，掌握必要的操作技能，在自身移动设备出现漏洞和攻击时，能进行应急性的修复处理。

（二）建立宣传机制

1.形成长效的网络安全宣传机制

宣传是一个长期的系统工程，需要贯彻到日常的宣传工作中。宣传部门需要制定长期宣传方案，加强对网络信息安全知识的宣传。要创新网络安全周的宣传活动，丰富活动形式，吸引更多的社会公众参与到网络信息安全的宣传活动中来，真正达到活动的效果，提高公众的风险意识。在加大宣传的同时，相关部门也要加大对网络信息违法行为的打击力度，对于散布网络不实言论、歪曲事件的公众和媒体进行有效治理，净化网络生态，形成清朗的网络生态环境。

2.大众传媒要承担社会责任

随着社会中大众传媒的影响力不断扩大，媒体可以监测风险、告知风险和化解风险，也可能放大风险、转嫁风险甚至制造风险。媒体要摆脱"媒体失语"和"媒体迷失"的困境，及时报道网络信息安全事件，秉持公正客观的媒体态度，客观真实地报道相关事件，同时也要增强社会责任意识，对网络信息安全的预防技术和知识进行报道，真正担负起自身的社会责任。

（三）净化生态环境

1.树立正确的企业观

要培养企业的社会责任意识，权利和义务是相辅相成的，任何经济体和行为体都不例外。企业作为一个以营利为目的的行为体，有追求利润的权利，但同时也要按照法律规定履行相应的社会义务。

《网络安全法》中明确规定了网络服务商进行运行和服务工作，需要依据法律、行政法规的要求，遵守社会公德和职业道德，诚实守信，履行保护网络基础设施安全的职责，畅通政府和公众监督的渠道，自觉担负起自身的社会责任。网络运营企业应当按照法律、行政法规的要求和相关标准的规定，利用技术和其他有效手段，确保网络基础设施可靠、平稳运行，能够快速处理网络安全事件，防止出现信息犯罪现象，保护数据信息的整体性、安全性和可用性。网络运营企业在收集和使用公民的网络信息时，应当按照公开透明、合理合法的原则，遵守法律法规的规定，树立正确的企业观，承担社会责任。

2.营造良好的网络环境

要打击网络信息犯罪行为，营造清朗的网络空间环境。随着大数据技术的发展，网络信息的存储和使用愈加便捷，信息的价值也愈加凸显。不少网络服务商通过对网络信息的收集，利用大数据技术对信息进行交叉分析，形成"个人画像"，为企业谋取巨大的经济利益。这不仅损害了信息主体的隐私权，也损害了社会风气。必须加强对网络服务商的监管，明确企业收集信息的标准。企业要自觉维护网络基础设施的安全，健全用户信息安全保护制度。合法使用网络信息，提高使用者的维护能力，积极配合政府开展网络信息安全治理。对于非法以及过度收集网络信息的网络服务商，要加大处罚力度，提高其违法成本，从而营造清朗的网络空间环境。

二、从技术层面加强网络信息安全管理

（一）加强用户账号的安全

在一般情况下，黑客攻击网络系统比较常用的方法是窃取合法的用户账号的密码，而目前用户账号的涉及范围非常广泛。针对用户的安全问题，应该做到：第一，设置的系统登录账号的密码要尽量复杂；第二，尽量不要设置相同或相似的账号密码，而要选取数字、字母、特殊符号相结合的方式进行密码设置；第三，要定期更换，密码长度要尽量长。

（二）利用防火墙技术

防火墙就是用来阻挡外部不安全因素影响的内部网络屏障，其目的是防止外部网络用户未经授权的访问。它是一种计算机硬件和软件的结合，从而保护内部网免受非法用户的侵入。使用防火墙技术，可以控制不同网络或网络安全域之间信息的出入口，根据企业的安全政策控制（允许、拒绝、监测）出入网络的信息流。防火墙本身具有较强的抗攻击能力。它是提供信息安全服务，实现网络和信息安全的基础设施，是目前保护网络免遭黑客袭击的有效手段。

（三）采用身份认证技术

在网络环境中，信息传至接收方后，接收方首先对信息发送方的合法身份进行确认，之后才能与其建立起一条信息通路。通过身份认证技术建立起身份认证系统，可以实现网络用户的统一集中授权，防止未经授权的非法用户介入并使用网络资源。身份认证技术主要包括：数字签名、数字证明、病毒检测技术等。

（四）采用入侵检测和网络监控技术

近几年来，入侵检测技术成为一种逐步发展的防范技术，其作用是检测监控网络和计算机系统是否被滥用或者存在入侵的前兆。统计分析法和签名分析法是入侵检测所采用的分析技术。统计分析法具体指的是在系统正常使用的情况下，以统计学为理论基础，通过对动作模式的判断来甄别某个动作是否处于正常轨道。签名分析法主要用来监测对

系统的已知弱点进行攻击的行为。

（五）加强病毒防范

杀毒软件主要用于清除计算机中的病毒、木马以及恶意软件等，此外还兼具监控识别、自动升级以及病毒扫描等功能，它是计算机防御系统的重要组成部分。杀毒软件能够加强计算机中的数据备份，对于敏感的数据与设备实行隔离措施；使用杀毒软件时，要及时升级杀毒软件病毒库，小心使用移动存储设备。在使用移动存储设备之前进行病毒的扫描和查杀，可以有效地清除病毒，扼杀木马。同时，安装可信软件和操作系统补丁，定时对通信系统进行软件升级，能够及时堵住系统漏洞，避免被不法分子利用。

（六）采用文件加密和数字签名技术

文件加密技术是为了防止秘密数据被窃取、破坏或侦听等，也是为了提高信息系统和数据的安全保密性。数据签名技术的主要目的是对传输中的数据流实行加密，这种加密又分为两类：线路加密和端对端加密。线路加密是采用不同的加密密钥通过各种线路对保密信息增加安全保护的功能，重在路线传输上，而信源和信宿相对考虑得比较少。端对端加密是采用加密技术由发送者借助专用的加密软件，随发送的文件实行加密，把明文转换成密文，在这些信息到达目的地时，收件人采用相应的密钥进行解密，使密文恢复成为可读数据的明文。

三、健全组织机制

（一）完善组织体系

1.健全内部组织体系

要构建有力的纵向指挥组织体系，充分发挥中央网络安全与信息化领导小组的作用，在人员构成、决策规则、战略共识等原则方面进一步加强。要合理分工，做好顶层设计和战略规划，协调好跨部门、跨地区以及中央和地方的关系，具体的执行工作由操作层进行。建立自上而下的纵向科层组织机制，包括从中央到省、市、县的党委系统、政府办公厅系统、工业和信息化系统、公安系统、安全系统、保密系统在内的以中央网络安全和信息化委员会为核心的纵向科层管理与协调组织体系。

2.构建横向沟通的部门协调机制

横向的部门之间，包括中央网络安全和信息化委员办公室、公安系统、工信部门以及其他掌握关键数据和资源的职能部门需要明确各自的职责权限，明确不同层级部门的具体权限，明确什么样的问题由哪级政府负责，建立部门间的沟通联动机制，打破政府部门间存在的"信息孤岛"现象，建立政府内部各部门之间的信息共享平台，将不同职能部门掌握的信息上传到内部平台，提高治理效率。建立各级、各地区以及各部门之间的协同行动机制，解决跨地区和层级限制的安全问题。

3.完善外部组织体系

网络技术的发展，打破了主权国家的地理界限，网络风险在全球范围内扩散，成为全球性的治理问题。因此，必须打破单一国家治理的思维，形成国家与国家之间的国际合作关系，推动建立多边参与、多方合作的国际网络安全组织体系，建立国际社会中国家与国家之间、政府与国际组织之间以及各国际组织之间的网络安全对话协商机制，最终形成以主权国家为主导、多元合作参与的全球网络安全治理新格局，明确多元合作治理的界限。

（二）建立网络服务商的组织体系

网络信息安全风险说到底是技术风险，而技术预防的关键是要建立合理有效的组织机制。网络运营组织存储、使用着大量的用户数据信息，是网络信息数据的集散地和风险多发地，组织内部的任一节点都可能成为网络信息安全问题的爆发点。所以，形成应对网络信息安全的组织机制至关重要。

1.设置安全管理部门

要充分落实运营商的保护责任。信息安全风险管理是一项专业性很强的工作，必须有专门的安全管理团队和专业的安全管理人才进行专业化管理。

一是建立专职的信息安全风险管理部门，或者在科技信息部下设立信息安全风险管理小组，配备专业的掌握信息安全管理技术的人才负责具体的业务工作。信息安全风险管理部门与其他部门一样，要加强部门的管理工作，形成自己的部门规章，相关负责人员必须明确自己的工作职责，定期引进先进的业务系统和管理模式。要为这些职能部门配备必要的财力、人力和物力资源，物尽其用、人尽其才，通过各个相关部门的积极配合，将信息安全风险管理工作落到实处。

二是设置专人专岗。在安全管理部门的招聘岗位中，要明确规定岗位工作人员所需的专业和技术能力。网络信息安全是一个专业性很强的工作岗位，必须实现专人专岗，配备专业的掌握信息安全管理技术的人才负责具体的业务工作，不能由其他科技人员兼职网络安全岗位。

2.建立部门沟通协调机制

风险社会的复合性特征突破了单一节点的限制，网络节点中的每一个环节都具有风险，都可能成为网络信息安全的薄弱点。因此，网络运营组织要打破单一部门治理的思维，形成以网络安全管理部门为主导、多部门配合的联动应对机制。尤其是业务部门掌握大量的网络数据信息，是网络信息安全的关键节点，财务部门是组织的核心部门，也是网络安全链条的薄弱点。因此，网络运营组织要突破安全万能部门的思维，实现组织内部门之间的联动机制，建立组织内网络数据信息的应急响应和预警平台，以安全管理部门为主导，其他部门积极配合，加强平时的技术监测工作，出现漏洞及时修复，发现安全隐患时立即启动应急管理方案，保护各个部门的网络数据信息安全，同时将故障分析上传至平台，由安全管理部门进行解决，减少组织损失。

（三）优化网络信息安全产业的组织体系

1.提升网络信息安全服务能力

一是建立适应时代发展的安全模式，形成安全服务行业体系。网络安全运行模式通过建立统一合作系统，建设专业化、常态化的人才服务队伍，引进先进安全技术手段等方式，按照健全的网络安全服务法规和规范，将"风险定级、安全保障、监测漏洞、认知风险、应急响应、快速反应、统一指挥"进行整合，为网络服务商、网络使用者带来专业化的网络安全常态化维护、突发网络安全事件的预警处理等安全服务，保证互联网经济的稳定发展。

二是提升安全服务能力。依托企业、研究院、高等院校和网络使用者等多元参与主体，在产业链的服务供应和服务使用之间进行深入合作，聚合网络安全技术能力，深入开展智能学习、网络技术等领域的工作，提升核心竞争力。聚集安全服务行业的龙头企业，在产业规范数据接口、共享情报信息等方面进行合作，开放数据信息入口，提供系统化服务。以当前的技术和管理模式为前提，探索建立全新的网络安全产业运行方式和安全产品支付平台，扩大网络安全产业的市场规模，进而促进网络安全行业的持续稳定发展。

2.发展网络信息安全保险产业

保险是作为一种救济制度出现的，它可以提前预防网络安全事件，化解风险，尽可能地减少经济损失，也可以在网络安全事件造成财产损失后提供一定的经济补偿。因此，对个人和企业来说，网络信息安全保险可以及时止损，维护权益。

一是积极探索保险产品，创新保险险种。一方面，参考国外保险公司的经验、依据我国的客观事实基础，在网络财产保护、网络安全与隐私保护、网络犯罪与诈骗防范等民生利益关联紧密的领域设计满足市场发展需要的网络安全保险产品；另一方面，扩大网络安全保险的种类，对网络安全保险种类进一步细化，涵盖数据泄露、运营中断、网络攻击、声誉责任等多个领域的保险险种。

二是政府提供政策支持。负责保险监管的部门要与网络安全主管机构进行合作，制订促进保险制度融入网络安全风险治理的发展规划，利用财政补贴、税收优惠等方式，鼓励保险公司和网络安全产业一起促进网络安全保险事业的规范化运行。由政府招募网络安全领域的专业人员对信息资产开展安全等级评定工作，建立合理的信息资产安全等级机制，从法律制度层面进行制度化设计，从而为网络安全保险行业的健康发展提供制度保障。

3.组建网络信息产学研用联盟

信息和网络安全问题是国家层次上需要考虑的问题，同时也是一个极其广泛的社会问题，牵涉到人民生活和社会领域的方方面面。政府需要提倡和支持研究院、高校以及其他网络安全方面的专家加入网络安全的研究过程中，建立政府、专业学术团队、公众三个维度相互融合的合作机制，大力开展对信息和网络安全基本理论、主要方式及其对策的研究。要加强大专院校与企业的合作，依托重点企业和相关课题，探索网络安全人才教育机制；以需求为导向，建立产学研相结合的人才教育方式；通过互联网企业中的科研项目平台，让学生可以参与到网络安全课题研究中来；给高校学生提供实践场所，为建设高素质的网络安全人才队伍创造便利条件；通过开设网络安全实践课程，提高网络安全人员的技术水平，满足社会对人才能力的需求。

四、完善相关法规

健全法律制度一方面可以推动法治社会建设,另一方面也为社会治理提供了制度化保障。风险文化时代,必须依靠固定的法规或制度进行治理,要从责任主体的角度去划定风险归因,确定"谁应该为风险负责""应该谴责谁"。虽然网络空间是现实社会的延伸,但它也要受到法律规范的约束。所以,完善网络安全领域的法律法规,形成规范化的网络治理环境,成为目前社会工作的重中之重。

(一)推动法规的落地实施

1.出台专门的网络信息保护法律

一是出台个人信息保护法。随着大数据技术的发展,个人信息的获取、存储和使用更加便捷,个人信息为网络运营企业创造了经济利益,带动了网络经济的发展,但对个人网络数据信息的保护却远远滞后。所以,立法机构必须制定专门的个人信息保护法,明确规定网络运营企业对用户个人信息的使用范围、存储要求、保护措施,以及企业在违反规定后所应承担的法律后果,明确相关职能部门的监管责任;公民对个人信息享有的法定权利以及权利受损后的救济渠道,将散落于其他法规中的规定进行整合,使网络信息安全治理有法可依。

二是出台关于电子商务安全、网络信息通信、互联网安全服务、网络安全等级评定、关键信息基础设施保护、电子政务安全等方面的法律法规,为网络安全治理工作提供法律依据。

2.提高法律执行力

一是重视国家立法,提高立法层级。目前,我国关于网络信息安全的法律多是部门规章,执行力较低,所以立法部门应当尽快出台位阶较高的网络信息安全法律,中央网络安全和信息化委员会以及工信部等主管部门也要加快出台相关的法规和规章,形成上位法和下位法结合的多层次的网络信息安全治理法律体系,为网络安全治理提供法律保障。

二是完善相关法律法规中的处罚规定。经济处罚是法律对行为主体实施的处罚方式,但是由于经济处罚的威慑力较低,仅仅依靠经济处罚并不能解决网络信息安全频发的问题,因此要完善相关法律法规中的处罚规定,按照网络信息事件造成的社会危害程度，加大经济处罚额度，同时引入刑事处罚，发挥法律的作用，减少网络安全事件的发生。

3.完善信息安全法律体系

一是完善法律配套。相关部门必须以基本法为指导，针对条款中的指导性原则制定相关的配套制度，完善基本法的法律保障体系。比如，在网络安全等级保护规范方面，出台《网络安全等级保护条例》，明确网络安全等级保护工作的职责分工和网络安全等级评定标准，针对不同安全等级的网络运营商应该履行的义务，以及违反这一条例应该承担的具体的法律责任等，都要作出详细的说明。各地方人民政府应结合自身情况进一步制定本行政区域内的规章和实施细则，提供相关的配套保护措施。

二是明确相关部门的职责，高效执行相关的法律法规。相关的法律法规必须明确相关管理部门到底是什么，相关管理部门的具体职责范围是什么，只有明确相关部门职责，才能高效执行法律规定，提高法律的效力和政府的公信力。

此外，立法部门也要与时俱进，及时修订相关法律规定，重视立法内容的完善；发现新问题之后要主动立法，重视立法的前瞻性；不断完善法律体系，依法治理网络信息安全问题。

（二）补齐网络服务组织的规章短板

组织工作的正常运行离不开一定的组织规范，网络运营组织发展也需要遵循一定的规章制度。网络信息安全作为一种新的风险因素，需要网络运营组织在运行过程中制定相应的配套组织规章，使网络数据的收集、使用处在适度、合理的范围之内。

1.建立网络用户信息保护制度

《网络安全法》明确规定，网络服务者需要建立健全用户信息保护制度，加大对网络使用者信息的保护力度。对收集的公民网络信息必须进行安全存储，严禁泄露、改变、破坏，禁止出售或者违法交易公民信息。网络运营企业可以采用授权访问的形式，减少人为泄露信息的可能。授权访问是依据数据库中信息的重要程度进行分级、分层管理，对企业的所有成员依据"知其所需"的要求设置访问权限，从而规范信息收集、存储和利用的程序标准，避免随意访问造成的网络信息泄露风险，做到访问程序的标准化、规范化。此外，还可以建立投诉、举报制度，对违反岗位规定，故意泄露个人信息的工作人员进行匿名举报，强化工作人员的责任意识和安全意识，防止用户信息的故意泄露。

2.提高工作人员的防范意识

一方面，建立在职人员的定期培训制度。一是开展岗前新人培训。明确分配软件设计开发人员、系统运行和维护人员、风险控制管理人员等不同角色的不同权限，以及他们在操作流程中承担的不同职责，开展专业技能培训。二是开展定期岗位培训。针对新问题、新方法开展定期培训，使部门工作人员了解最新的网络安全知识，掌握最新的网络安全技术，及时总结各类网络安全事件的应对经验。定期对人员的工作进行考评，将考评结果纳入年终测评结果。只有将教育培训贯穿网络安全工作的始终，才能真正形成长效的网络安全教育培训机制，有效解决网络安全问题。

另一方面，建立离职责任制。离职人员在规定的离职期限内，要保护所在岗位的用户个人信息和企业信息，防止信息泄露。

（三）制定行业规范，设立行业组织

1.制定行业规范

行业规范是保证行业长远发展的自律机制，是除制度监管和权力监管之外的第三种监管形式。行业规范相比于强制性的行政措施具有灵活性的特点，是网络信息安全治理的法外补充。

我国的互联网行业和网络运营商应该在遵守法律的基础上明确本行业的网络安全技术规范和产业运行规章，确定行业的准入门槛和退出规则，提高企业自身的违法成本。通过建立科学合理的自我管理、自我规范、自我监管、协同进步的行业自律制度来约束和管理整个行业经营商的活动，协助政府管理网络安全服务活动，从而建立起包括政府监督和行业自律的新型网络安全生态治理机制。

2.成立独立的行业自律组织

我国的行业自律组织互联网协会带有较重的官方色彩，受到行政主管部门的领导，这种"条件型的行业自律组织"，容易产生上命下从的现象。所以我国应该成立独立于政府的、由法律授权的"纯粹型的行业自律组织"，在网络数据信息采集标准、网络安全预警平台建设、防范网络攻击知识共享等方面成立专业化的行业自律组织，指导互联网行业的健康有序发展，同时行业自律组织也要与政府部门合作，真正发挥自律组织的作用。

3.建立专业的网民权利组织

网民权利组织可以汇集网络使用者的智慧，鼓励网络使用者加入制定网络安全政策的过程，也可以对网络运营商的经营活动进行监督。现在一些国际性的网民权利组织逐渐在网络发达国家兴起，如美国的"电子前沿基金会"、英国的"绿色网络"、法国的"网络团结"、德国的"混沌计算机俱乐部"、荷兰的"点滴自由"等。

面对我国网民权利组织发展的现实情况，政府需要鼓励和支持独立的网民权利组织的发展，通过法律对网民权利组织进行赋权，保证网民权利组织的正常运行；支持网民通过权利组织维护自己的权益，缓和网民与政府以及网络运营企业的冲突，以此建立政府和网络使用者之间的诚信合作关系，促进网民权利组织参与网络安全治理活动，帮助政府解决网络安全问题。

五、优化运行机制

（一）建立评估机制

现代风险产生的一个重要方面就是技术的"资本主义"利用。应关注技术对于人的生存状况的本质影响，给予单一线性技术"人文关怀"和"伦理意识"，在发明技术的同时，以谨慎负责的态度去评估技术带来的隐藏风险，注重技术应用的长远社会效应。

1.完善信息安全评估的法规标准和管理体系

综合防范主要从技术、管理和法规标准三个方面展开，因此必须补齐法规标准和管理短板。完善网络等级保护的法规标准，对信息安全评估的等级进行合理划分，明确划分的标准和指标，对于不同等级的保护规定也要作出详细的说明。只有完善和细化等级保护法规标准，才能在技术和管理上有章可循。此外，也要加强信息安全评估的管理和监督机制，将管理和监督贯穿到评估的全过程，对评估工作和效果进行及时反馈，不断改进安全评估机制，提升安全评估水平。

2.建立动态信息安全评估机制

在分析阶段，按照等级保护规定，根据网络信息的安全程度以及遭受破坏后的损害程度对网络信息安全进行定级，明确每一等级下的安全管理要求和安全技术要求。

在设计阶段，按照物理安全、网络安全、主机安全、应用安全和数据安全及备份恢复等几个方面的要求开展安全设计工作，从制度、机构、人员、系统的建立和维护等方面进行设计，制订系统的网络安全评估计划。

在实现阶段，主要是对设计阶段的技术和管理进行测试和验证，只有通过实现阶段的测试，网络安全评估平台才能真正开展工作。

在运行阶段，通过自我评估和检查评估相结合的方式，对信息安全系统的新漏洞进行改进。

在废弃阶段，主要实现对原有信息安全评估系统中信息的迁移，对原有系统中的硬件和软件进行处置，避免造成二次损害。只有将信息安全评估工作贯穿到每个阶段，才能真正实现信息安全的全过程评估。

（二）完善应急响应体系

1.完善网络信息安全应急组织建设

从政府方面来说，要成立网络信息安全应急指挥中心，形成多部门协同合作的应急响应机制，整合各部门的网络安全应急响应职责，建立从中央到地方的统一的网络安全应急响应机构，建设一支素质过硬、能力过强的网络安全应急队伍。

从网络服务商方面来说，要完善应急管理机制，提高应对网络安全事件的水平。网络运营企业应完善应急管理机制，成立"应急响应中心"，一旦发生入侵、事故和故障，就立即启动应对措施，阻断可疑用户对网络的访问；启用"防御状态"安全防范措施；应用新的、针对现行攻击技术的安全软件"补丁"；隔离网络的各组成部分；停止网络分段运作，启用应急连续系统的运作。同时，将网络安全事件上报给相关的政府职能部门。此外，每个网络运营企业也要建立网络信息安全事件的应急预案，根据新情况和新特点，及时对预案进行修订，定期对预案进行操作演练，增强预案的可执行性。只有建立完善的应急管理机制，才能迅速应对网络安全事故的发生，及时弥补，减少损失。

2.提升应急防范运行能力

将关口前移，做好监测预警工作；推进应急体系资源共享，增强应急指挥调度协同能力；建立风险评估机制，提高网络安全事件的处置能力；完善信息通报机制、会商研判机制、技术支持体系，形成事前预防、事中应急、事后恢复的完善的应急处理机制。

3.建立网络信息安全预案

对于关系到国家安全、政治和经济等关键领域的公共设施的网络平台，要完善应急预案；与关键网络基础设施安全保护相关的政府职能部门要制定该行业领域的应急预案。

（三）成立合作共享平台

利用网络技术攻击网络系统是当前网络安全事件的主要发生机制，创新发展网络信息安全的基础研究理论和先进保护技术，增强网络安全事件的处理能力，增强网络安全防御能力对于保证用户数据内容安全以及网络服务活动的正常开展具有重要的作用。设立信息交流平台和信息流转机制，以便快速了解和掌握网络信息安全事件的攻击和预防措施，有效防范和减少网络信息安全事件的发生。

1.加强组织内部信息沟通

设立信息安全合作共享平台，加强组织内部的信息沟通。在我国的组织体系中，纵向的垂直部门之间的沟通较多，但横向的组织部门之间交流很少。网络信息安全事件的发生具有跨界性的特点，需要组织的横向部门之间打破孤立隔绝的状态，实现网络信息攻击形式和预防措施的信息共享，在网络信息发生之初，将有关情况信息分享到平台中，启动组织内部的应急预案，各部门及时采取应对措施，防止安全事件的扩散和蔓延；同时，通过共享平台的数据技术分析，快速锁定攻击病毒，及时采取措施降低损害。

2.协调组织机构

在组织之间建立统一协调的机构，负责信息的交流和流转。倡导政府部门与多方利益攸关者建立长期稳定的合作伙伴关系，定期交流专业知识、共享情报信息，网络安全分析师们将会有选择地向该平台内的参与者分享网络安全信息。政府、公安机关和网络服务商都会组织专业人员参与平台建设，保障平台内的全部成员可以在发生网络攻击的时候获得共享信息，帮助他们及时采取行动，降低损失。这种统一的信息共享平台，不仅可以提高网络信息安全事件的处理效率，也会降低网络安全事件的损害程度。

3.做好信息合作共享平台的安全保护工作

我国目前大多采用国外的信息安全技术产品，这些产品存在"植入后门"的隐患，因此必须加快对网络安全核心技术的研发，形成自己的安全产品。要了解最新的网络攻击形式和网络防护技术。网络技术的发展日新月异，病毒的攻击方式也千变万化，依靠传统的防火墙技术已经不能完全阻绝黑客的入侵，所以必须掌握最新的网络攻击形式和防护技术。除此之外，还要定期更新防护系统，为数据运营系统提供安全的运营环境。

参 考 文 献

[1] 曹雅斌,尤其,张胜生.网络安全应急管理与技术实践[M].北京:清华大学出版社,2023.

[2] 傅学磊,范峰岩,高磊.计算机网络安全技术研究[M].延吉:延边大学出版社,2022.

[3] 韩益亮,朱率率,吴旭光,等.信息安全导论[M].西安:西安电子科学技术大学出版社,2022.

[4] 黄亮.计算机网络安全技术创新应用研究[M].青岛:中国海洋大学出版社,2023.

[5] 季莹莹,刘铭,马敏燕.计算机网络安全技术[M].汕头:汕头大学出版社,2021.

[6] 蒋建峰.计算机网络安全技术研究[M].苏州:苏州大学出版社,2022.

[7] 刘姝辰.计算机网络技术研究[M].北京:中国商务出版社,2019.

[8] 潘力.计算机教学与网络安全研究[M].天津:天津科学技术出版社,2020.

[9] 邵云蛟.计算机信息与网络安全技术[M].南京:河海大学出版社,2020.

[10] 王广元,温丽云,李龙.计算机信息技术与软件开发[M].汕头:汕头大学出版社,2022.

[11] 王海晖,葛杰,何小平.计算机网络安全[M].上海:上海交通大学出版社,2019.

[12] 王顺.高等教育网络空间安全规划教材 网络空间安全技术[M].北京:机械工业出版社,2021.

[13] 温翠玲,王金嵩.计算机网络信息安全与防护策略研究[M].天津:天津科学技术出版社,2019.

[14] 吴婷.现代计算机网络技术与应用研究[M].长春:吉林科学技术出版社,2020.

[15] 许绘香.网络信息安全管理研究[M].北京:北京工业大学出版社,2019.

[16] 薛光辉,鲍海燕,张虹.计算机网络技术与安全研究[M].长春:吉林科学技术出版社,2021.

[17] 姚本坤.计算机信息技术与网络安全应用研究[M].长春:吉林教育出版社,2021.

[18] 张虹霞.计算机网络安全与管理实践[M].西安:西安电子科学技术大学出版社,2022.

[19] 张靖.网络信息安全技术[M].北京：北京理工大学出版社，2020.

[20] 张明书.网络安全技术应用与实践[M].西安：西安电子科技大学出版社，2019.

[21] 赵伯鑫，李雪梅，王红艳.计算机网络基础与安全技术研究[M].长春：吉林大学出版社，2021.

[22] 赵丽莉，云洁，王耀棱.计算机网络信息安全理论与创新研究[M].长春：吉林大学出版社，2020.